职业教育计算机网络技术专业
校企互动应用型系列教材

U0199033

服务器操作系统的配置与管理
（银河麒麟Kylin）

黎楚彬　钟斯伟　张文库　主　编

陈小洲　王　印　刘　晖　副主编

电子工业出版社

Publishing House of Electronics Industry

北京·BEIJING

内 容 简 介

本书介绍了国产操作系统，满足了计算机网络技术、信息安全等专业对国产操作系统下的软件应用、系统维护和服务器配置等内容的教学需求。本书以银河麒麟高级服务器（Kylin）操作系统为基础，按照"项目-任务"的编写方式，以岗位技能为导向，将理论与实践相结合，力求做到理论够用、依托实践、深入浅出。

本书共 12 个项目、26 个任务，主要介绍了安装与配置 Kylin 操作系统、文件系统与磁盘管理、配置常规网络与使用远程服务、软件包管理、系统初始化与进程管理、用户与权限管理、配置与管理 DNS 服务器、配置与管理 DHCP 服务器、配置与管理文件共享、配置与管理 Web 服务器、配置与管理邮件服务器、配置与管理 Discuz!等内容。

本书既可作为中等职业学校、高等职业学校及技工院校计算机网络技术相关专业学生的教材，也可作为信息技术应用创新技能竞赛培训和 Kylin 操作系统应用技术培训的指导书，还可作为 Kylin 操作系统初学者的入门参考书。

未经许可，不得以任何方式复制或抄袭本书之部分或全部内容。

版权所有，侵权必究。

图书在版编目（CIP）数据

服务器操作系统的配置与管理 ：银河麒麟 Kylin /
黎楚彬, 钟斯伟, 张文库主编. -- 北京 ：电子工业出版
社, 2024. 6. -- ISBN 978-7-121-48043-0

Ⅰ. TP316

中国国家版本馆 CIP 数据核字第 2024BQ0123 号

责任编辑：罗美娜
印　　刷：三河市龙林印务有限公司
装　　订：三河市龙林印务有限公司
出版发行：电子工业出版社
　　　　　北京市海淀区万寿路 173 信箱　　　　邮编：100036
开　　本：880×1 230　　1/16　　印张：16.25　　字数：354 千字
版　　次：2024 年 6 月第 1 版
印　　次：2024 年 6 月第 1 次印刷
定　　价：49.80 元

麒麟软件有限公司（简称"麒麟软件"）是中国电子信息产业集团有限公司（CEC）旗下科技企业，其开发的银河麒麟操作系统作为国产操作系统的代表，是一款基于 Linux 内核的具有自主产权的新一代操作系统，现已适合国产主流软硬件平台。近年来，我国加快推进信息技术应用创新产业建设工作，金融、交通、通信、能源、教育等重点行业率先大量引入国产操作系统，来增强我国基础软件的自主可控和信息安全。《"十四五"数字经济发展规划》、《"十四五"软件和信息技术服务业发展规划》等国家政策多次指明发展自主操作系统的重要性和迫切性。

1. 本书特色

"服务器操作系统的配置与管理（银河麒麟 Kylin）"是职业学校计算机网络技术专业学生必修的专业课，该课程的实践性非常强，所以动手实践是学好这门课程最好的方法之一。本书通过 VMware Workstation 创建虚拟机并安装 Kylin 操作系统，可以很好地引导读者学习 Kylin 操作系统相关知识，使读者在自己的计算机上就可以模拟真实的网络环境，快速地学习和掌握 Kylin 操作系统的相关知识，而且形象、直观，突破了由于硬件配置不足而影响操作系统相关知识学习的局限性。

本书在编写过程中坚持"科技是第一生产力、人才是第一资源、创新是第一动力"的思想理念，采用最新的 Kylin 操作系统为平台，按照"项目-任务"的编写方式，针对安装与配置 Kylin 操作系统、文件系统与磁盘管理、配置常规网络与使用远程服务、软件包管理、系统初始化与进程管理、用户与权限管理、配置与管理 DNS 服务器、配置与管理 DHCP 服务器、配置与管理文件共享、配置与管理 Web 服务器、配置与管理邮件服务器和配置与管理 Discuz!等内容，通过一个个任务引导学生掌握相关知识和技能。每个任务又细分为"任务描述—任务要求—知识链接—任务实施—任务小结"的结构。书中的项目大多是从工作现场需求与实践应用中引入的，旨在培养读者完成工作任务及解决实际问题的技能。这些项目紧密结合先进技术，与真实的工作过程一致，完全符合企业需求，贴近生产实际。

2. 课时分配

本书参考课时为 108 课时，教师可以根据学生的接受能力与专业需求灵活选择，具体课时参考分配表如下所示。

课时参考分配表

项　目	项　目　名	课时分配		
		讲　授	实　训	合　计
1	安装与配置 Kylin 操作系统	2	4	6
2	文件系统与磁盘管理	4	12	16
3	配置常规网络与使用远程服务	4	4	8
4	软件包管理	2	4	6
5	系统初始化与进程管理	2	6	8
6	用户与权限管理	2	6	8
7	配置与管理 DNS 服务器	4	8	12
8	配置与管理 DHCP 服务器	4	4	8
9	配置与管理文件共享	4	4	8
10	配置与管理 Web 服务器	4	8	12
11	配置与管理邮件服务器	2	6	8
12	配置与管理 Discuz!	2	6	8
合计		36	72	108

3．教学资源

为了提高学习效率和教学效果，方便教师教学，本书配备了教学大纲、教学计划、电子课件和教案等教学资源。有需求的读者可登录华信教育资源网注册后免费下载，有问题时请在网站留言板留言或者与电子工业出版社联系（E-mail: hxedu@phei.com.cn）。

4．本书编者

本书由黎楚彬、钟斯伟和张文库担任主编，由陈小洲、王印和刘晖担任副主编，参加编写的人员还有杨艳、蔡惠英、彭素荷和汪蔚。本书具体编写分工如下：汪蔚编写项目1，黎楚彬编写项目2，杨艳编写项目3，刘晖编写项目4，钟斯伟编写项目5和项目6，张文库编写项目7和项目8，蔡惠英、彭素荷编写项目9，陈小洲编写项目10和项目11，王印编写项目12；全书由黎楚彬、钟斯伟和张文库负责统稿和审校。

由于计算机网络技术发展日新月异，书中难免存在一些疏漏和不足之处，敬请广大读者不吝赐教。

编　者

CONTENTS ●●●●●●●● 目 录

项目 1

安装与配置 Kylin 操作系统

● 项目描述

　　Y 公司是一家电子商务运营公司，由于该公司推广做得非常好，用户数量激增，因此为了给用户提供更优质的服务，该公司购买了一批高性能服务器。同时，由于 Kylin 操作系统成本低、安全性高、稳定性好，并且容易识别和定位故障，性能较强，因此该公司通过综合考虑资金、人力、设备、安全、性能等多方面因素，决定采用 Kylin 作为服务器的操作系统。

　　本项目主要介绍 Kylin 操作系统的发展和应用、Kylin 操作系统的主要版本、Kylin 操作系统的图形界面和文本界面的操作，以及通过 VMware Workstation Pro 16 讲解 Kylin 操作系统的安装和使用方法。

 知识目标

1. 了解不同的虚拟机软件。
2. 了解 Kylin 操作系统的发展历史、特点、组成及应用。
3. 了解 Kylin 操作系统的内核版本和发行版本。
4. 了解虚拟机的概念、特点和作用。

 能力目标

1. 能够安装 VMware Workstation。
2. 能够在 VMware Workstation 中创建虚拟机并安装 Kylin 操作系统。
3. 能够实现虚拟机的克隆和快照。
4. 熟练操作 Kylin 的图形界面和文本界面。
5. 掌握 Kylin 操作系统的启动、关闭和登录。

素质目标

1. 引导读者崇尚宪法、遵纪守法，打好专业基础，提高自主学习能力。
2. 培养读者具备正确使用软件、合理下载软件、安全使用软件、保护知识产权的意识。
3. 激发读者科技报国的决心，使其理解实现软件自主的重要性。

任务 1.1　安装与创建虚拟计算机系统

任务描述

Y 公司的网络管理员小赵想学习 Kylin 操作系统的安装和使用方法，现在他准备使用 VMware Workstation 搭建网络实验环境。

任务要求

通过使用 VMware Workstation，用户可以在一台计算机上虚拟出多台计算机，并将它们连接成一个网络，甚至可以让它们连接 Internet，模拟真实的网络环境。多台虚拟机之间或虚拟机与物理主机之间也可以通过虚拟网络共享文件和复制文件。具体要求如下所示。

（1）准备 "VMware Workstation 16 Pro for Windows" 应用程序的安装文件，可以从其官方网站下载。

（2）安装 "VMware Workstation 16 Pro for Windows" 应用程序。

（3）创建一台新的虚拟机，具体要求如表 1.1.1 所示。

表 1.1.1　创建虚拟机的项目参数及其说明

项 目 参 数	说　　明
类型	自定义（高级）
客户机操作系统类型	Linux 的 CentOS 8 64 位
虚拟机名称	Server1
存储位置	D:\Server1
内存大小	2048 MB
网络类型	使用桥接网络
硬盘类型和大小	SCSI、30 GB

1. 虚拟机简介

虚拟机（Virtual Machine）是一个软件，用户可以通过它模拟具有完整硬件系统功能的计算机系统。虚拟机可以像真正的物理主机一样工作，如安装操作系统、安装应用程序、访问网络资源等。虚拟机符合 x86 PC 标准，拥有自己的 CPU、内存、硬盘、光驱、软驱、声卡和网卡等一系列设备。这些设备是由虚拟机软件"虚拟"出来的。但是在操作系统看来，这些"虚拟"出来的设备也是标准的计算机硬件设备，可以被当作真正的硬件来使用。虚拟机在虚拟机软件的窗口中运行，用户可以在虚拟机中安装能在标准 PC 上运行的操作系统及软件，如 Kylin 和 UOS 等。

在虚拟的计算机系统环境中常常会用到以下概念。

（1）物理计算机（Physical Computer）：运行虚拟机软件（如 VMware Workstation、Virtual PC 等）的物理计算机硬件系统，即物理主机，又称宿主机。

（2）宿主机操作系统（Host Operating System）：在物理主机（宿主机）上运行的操作系统。在它之上运行虚拟机软件（如 VMware Workstation、Virtual PC 等）。

（3）客户机操作系统（Guest Operating System）：在虚拟机上运行的操作系统。注意，它不等同于桌面操作系统（Desktop Operating System）和客户端操作系统（Client Operating System），因为虚拟机中的客户机操作系统可以是服务器操作系统，如在虚拟机上安装的 Kylin。

（4）虚拟硬件（Virtual Hardware)：虚拟机通过软件模拟出来的硬件系统，如 CPU、HDD、RAM 等。

例如，在一台安装了 Windows 10 操作系统的计算机上安装虚拟机软件，那么 Host 指的是安装了 Windows 10 操作系统的这台物理主机，Host Operating System 指的是 Windows 10 操作系统，如果虚拟机上运行的是 Kylin 操作系统，那么 Guest Operating System 指的是 Kylin 操作系统。

2. 虚拟机软件

目前，虚拟机软件的种类比较多，有功能相对简单的 PC 桌面版本，适合个人使用，如 VirtualBox 和 VMware Workstation 等；有功能和性能都非常完善的服务器版本，适合服务器虚拟化使用，如 Xen、KVM、Hyper-V 和 VMware vSphere 等。

VMware 是全球云基础架构和移动商务解决方案厂商，提供基于 VMware 的解决方案。该企业主要涉及的业务包括数据中心改造、公有云整合等。VMware 最常用的产品就是

VMware Workstation（VMware 工作站）。VMware 的桌面产品非常简单、便捷，目前支持多种主流的操作系统，如 Windows 等，并且提供多平台版本。

3. 虚拟机的特点和作用

（1）虚拟机可以同时在同一台物理主机上运行多个操作系统，并且这些操作系统可以完全不同（如 Windows 各个版本和 Linux 各个发行版本等）。这些不同的虚拟机相互独立和隔离，如同网络上一个个独立的 PC，同时虚拟机和物理主机之间也相互隔离，即使虚拟机崩溃了也不会影响物理主机。

（2）虚拟机可以通过物理硬盘直接使用，也可以以文件（虚拟硬盘）的方式安装。其管理方式简单，不仅可以非常方便地对其进行复制、迁移，还可以将其安装在移动硬盘和 NFS（Network File System，网络文件系统）上。此外，虚拟机镜像可以被复制到其他已安装虚拟机软件的计算机上直接使用。现在的虚拟机软件对于虚拟硬盘的支持也做得越来越好。

（3）虚拟机软件提供了克隆和快照功能，使用克隆功能可以迅速部署虚拟机，使用快照功能可以迅速创建备份还原点。

（4）虚拟机之间可以通过网络共享文件、应用、网络资源等，用户可以在一台计算机上部署多台虚拟机并将它们连接成一个网络。

任务实施

1. 安装 VMware Workstation 16 Pro

步骤 1：运行下载好的 VMware Workstation 16 Pro 安装文件，将会看到虚拟机软件的安装向导初始界面，如图 1.1.1 所示，单击"下一步"按钮。

步骤 2：在"最终用户许可协议"界面中，勾选"我接受许可协议中的条款"复选框，并单击"下一步"按钮，如图 1.1.2 所示。

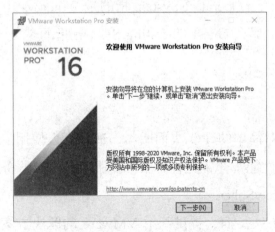

图 1.1.1　安装向导初始界面

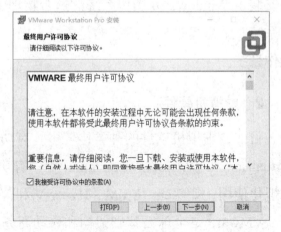

图 1.1.2　"最终用户许可协议"界面

步骤 3：在"自定义安装"界面中，单击"下一步"按钮，如图 1.1.3 所示。

步骤 4：在"用户体验设置"界面中，取消勾选"启动时检查产品更新"及"加入 VMware 客户体验提升计划"复选框，并单击"下一步"按钮，如图 1.1.4 所示。

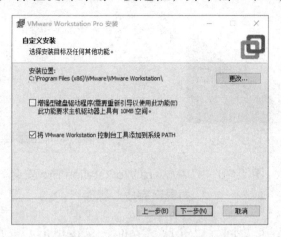

图 1.1.3　"自定义安装"界面

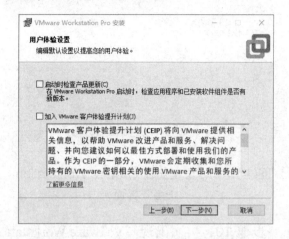

图 1.1.4　"用户体验设置"界面

步骤 5：在"快捷方式"界面中，选择快捷方式的保存位置，单击"下一步"按钮，如图 1.1.5 所示。

步骤 6：在"已准备好安装 VMware Workstation Pro"界面中，单击"安装"按钮，开始安装软件，如图 1.1.6 所示。

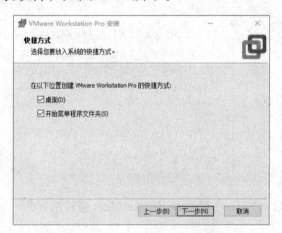

图 1.1.5　"快捷方式"界面　　图 1.1.6　"已准备好安装 VMware Workstation Pro"界面

步骤 7：在"正在安装 VMware Workstation Pro"界面中，可以看到软件安装的状态，如图 1.1.7 所示。

步骤 8：在"VMware Workstation Pro 安装向导已完成"界面中，选择是否输入软件许可证密钥，如果只需要试用 30 天，那么直接单击"完成"按钮；如果已经购买软件许可证，那么可以单击"许可证"按钮，如图 1.1.8 所示。

步骤 9：在"输入许可证密钥"界面中，按照指定格式输入许可证密钥，并单击"输入"按钮，如图 1.1.9 所示。

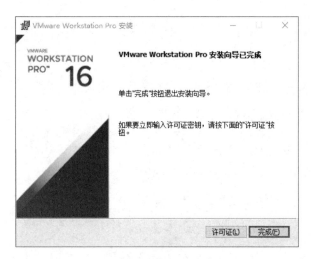

图 1.1.7　"正在安装 VMware Workstation Pro"界面

图 1.1.8　"VMware Workstation Pro 安装向导已完成"界面

步骤 10：再次出现"VMware Workstation Pro 安装向导已完成"界面，直接单击"完成"按钮。至此，VMware Workstation 16 Pro 安装完毕。

步骤 11：双击桌面上的"VMware Workstation 16 Pro"图标，打开 VMware Workstation 虚拟机界面，表示安装完成，如图 1.1.10 所示。

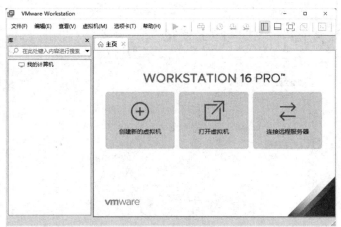

图 1.1.9　"输入许可证密钥"界面

图 1.1.10　VMware Workstation 虚拟机界面

2. 创建虚拟机

1）设置虚拟机的默认存储位置

步骤 1：运行 VMware Workstation 16 Pro，在虚拟机界面中选择"编辑"→"首选项"选项，如图 1.1.11 所示。

步骤 2：在"首选项"对话框中选择"工作区"选项，单击"浏览"按钮或者在其左侧的文本框中手动输入虚拟机的默认存储位置，这里输入"D:\"，并单击"确定"按钮，如图 1.1.12 所示。

图 1.1.11　选择"首选项"选项

图 1.1.12　设置虚拟机的默认存储位置

2）创建新的虚拟机

步骤 1：双击桌面上的"VMware Workstation 16 Pro"图标，打开 VMware Workstation 虚拟机界面，在"主页"选项卡中单击"创建新的虚拟机"按钮，如图 1.1.13 所示。

图 1.1.13　单击"创建新的虚拟机"按钮

步骤 2：在"新建虚拟机向导"初始对话框（见图 1.1.14）中选择虚拟机的类型，"典型（推荐）"表示使用推荐设置快速创建虚拟机，"自定义（高级）"表示根据需要设置虚拟机的硬件类型、兼容性、存储位置等。这里选中"自定义（高级）"单选按钮，单击"下一步"按钮。

步骤 3：在"选择虚拟机硬件兼容性"对话框中，单击"下一步"按钮，如图 1.1.15 所示。

图 1.1.14 "新建虚拟机向导"初始对话框　　　图 1.1.15 "选择虚拟机硬件兼容性"对话框

步骤 4：在"安装客户机操作系统"对话框中，选中"稍后安装操作系统"单选按钮，单击"下一步"按钮，如图 1.1.16 所示。

步骤 5：在"选择客户机操作系统"对话框中，选中"Linux"单选按钮，设置操作系统版本为"CentOS 8 64 位"，单击"下一步"按钮，如图 1.1.17 所示。

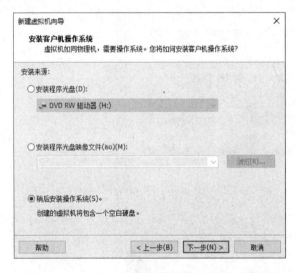

图 1.1.16 "安装客户机操作系统"对话框　　　图 1.1.17 "选择客户机操作系统"对话框

步骤 6：在"命名虚拟机"对话框中，输入虚拟机名称，这里在"虚拟机名称"文本框中输入"Server1"，单击"下一步"按钮，如图 1.1.18 所示。

步骤 7：在"固件类型"对话框中，选中"UEFI"单选按钮，单击"下一步"按钮，如图 1.1.19 所示。

 小贴士

BIOS（Basic Input Output System，基本输入输出系统）主要负责开机时检测硬件功能和引导操作系统。

UEFI（Unified Extensible Firmware Interface，统一的可扩展固件接口）规范提供并定义了固件和操作系统之间的软件接口。UEFI 取代了 BIOS，增强了可扩展固件接口，并为操作系统和启动时的应用程序与服务提供了操作环境。UEFI 最主要的特点是采用图形界面，更有利于用户对象图形化的操作。

图 1.1.18　"命名虚拟机"对话框

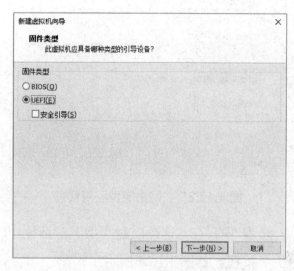

图 1.1.19　"固件类型"对话框

步骤 8：在"处理器配置"对话框中，设置"处理器数量"及"每个处理器的内核数量"，单击"下一步"按钮，如图 1.1.20 所示。

步骤 9：在"此虚拟机的内存"对话框中，将虚拟机内存设置为 2048 MB，单击"下一步"按钮，如图 1.1.21 所示。

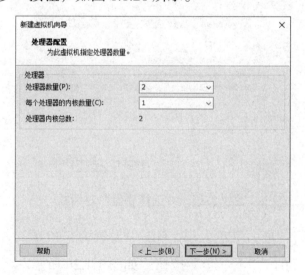

图 1.1.20　"处理器配置"对话框

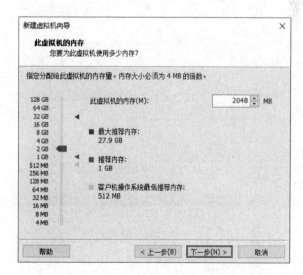

图 1.1.21　"此虚拟机的内存"对话框

步骤 10：在"网络类型"对话框中，选中"使用桥接网络"单选按钮，单击"下一步"按钮，如图 1.1.22 所示。

步骤 11：在"选择 I/O 控制器类型"对话框中，使用推荐的"LSI Logic SAS"SCSI 控制器，单击"下一步"按钮，如图 1.1.23 所示。

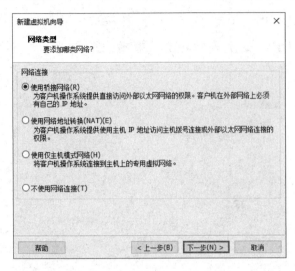

图 1.1.22 "网络类型"对话框   图 1.1.23 "选择 I/O 控制器类型"对话框

步骤 12：在"选择磁盘类型"对话框中，使用推荐的"SCSI"虚拟磁盘类型，单击"下一步"按钮，如图 1.1.24 所示。

步骤 13：在"选择磁盘"对话框中，选中"创建新虚拟磁盘"单选按钮，单击"下一步"按钮，如图 1.1.25 所示。

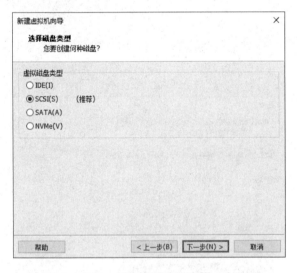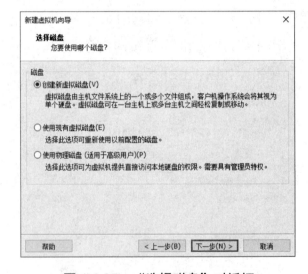

图 1.1.24 "选择磁盘类型"对话框   图 1.1.25 "选择磁盘"对话框

步骤 14：在"指定磁盘容量"对话框中，将"最大磁盘大小（GB）"设置为"30.0"，并选中"将虚拟磁盘存储为单个文件"单选按钮，单击"下一步"按钮，如图 1.1.26 所示。

步骤 15：在"指定磁盘文件"对话框中，单击"下一步"按钮，如图 1.1.27 所示。

步骤 16：在"已准备好创建虚拟机"对话框中，单击"完成"按钮，如图 1.1.28 所示。

步骤 17：至此，虚拟机创建步骤全部完成。在 VMware Workstation 虚拟机界面的"Server1"选项卡中，左侧是 Server1 虚拟机的硬件摘要信息，右侧是预览窗口，如图 1.1.29 所示。

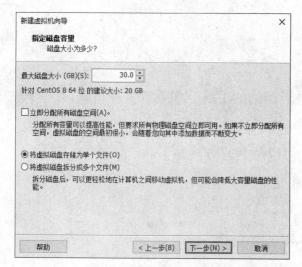

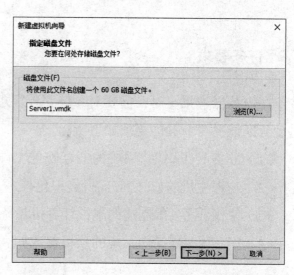

图 1.1.26　"指定磁盘容量"对话框　　　　　图 1.1.27　"指定磁盘文件"对话框

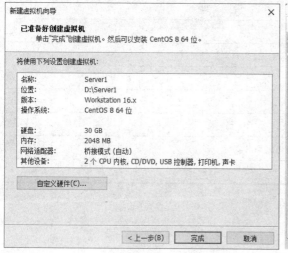

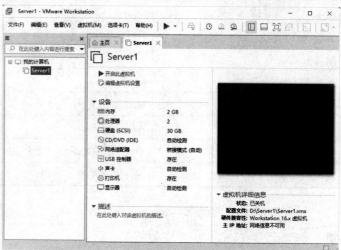

图 1.1.28　"已准备好创建虚拟机"　　　　　图 1.1.29　VMware Workstation 虚拟机界面的
　　　　　　　对话框　　　　　　　　　　　　　　　　　　"Server1"选项卡

 任务小结

（1）虚拟机软件 VMware Workstation Pro 16 的功能强大，且安装方法比较简单。

（2）在虚拟机软件下创建虚拟机时，需要区分典型类型和自定义类型的不同，自定义类型要求设置虚拟机的硬件类型、兼容性、存储位置等。

任务 1.2　安装 Kylin 操作系统

任务描述

Y 公司购置服务器后，需要为服务器安装相应的操作系统。所以，Y 公司安排网络管理员小赵按照要求为新增服务器安装 Kylin 操作系统。

任务要求

在安装操作系统时，需要对系统安装需求进行详细的了解，如系统管理员账户、密码、磁盘分区情况等，具体要求如下所示。

（1）准备 Kylin 操作系统的 ISO 映像文件，可以从其官方网站下载。

（2）物理主机的 CPU 应支持虚拟化技术，并处于开启状态。

（3）使用任务 1.1 创建的虚拟计算机系统。

（4）安装 Kylin 操作系统的项目参数如表 1.2.1 所示。

表 1.2.1　安装 Kylin 操作系统的项目参数

项 目 参 数	说　明
安装过程中的语言	中文 Chinese-中文（简体）
分区方式	自动配置分区
主机名	kylin
域名	phei.com.cn
root 用户密码	Aa13579,./
普通用户和密码	普通用户为 admin，密码为 Bb02468,./
其他项目参数	采用默认配置

知 识 链 接

1．Linux 操作系统及其历史

Linux 是一个操作系统，也是一个自由软件，它是免费的、源代码开放的，其编制目的是建立不受任何商品化软件版权制约的、全世界都能自由使用的 UNIX 兼容产品。

Linux 操作系统最初是由芬兰赫尔辛基大学计算机系学生 Linus Torvalds 在 1990 年年底到 1991 年的几个月中，为了他自己的操作系统课程和后来的上网用途而编写的。他在自己购买的 Intel 386 PC 上，使用 Tanenbaum 教授设计的微型 UNIX 操作系统 Minix 作为开发平台。Linus Torvalds 说，他刚开始的时候根本没有想到要编写一个操作系统的内核，更没有想到这一举动会在计算机界产生如此重大的影响。最开始，他编写的是一个进程切换器，后来是为了自己上网需要而自行编写的终端仿真程序，再后来是为了从网上下载文件而自行编写的硬盘驱动程序和文件系统，这时他才发现自己已经实现了一个几乎完整的操作系统内核。出于对这个内核的信心和发展期盼，以及高度的奉献精神，Linus Torvalds 希望这个内核能够被免费使用，但谨慎的他并没有在 Minix 新闻组中公布它，只是于 1991 年年底在赫尔辛基大学的一台 FTP 服务器上发布了一条消息，声称用户可以下载 Linux 操作系统的公开版本（基于

Intel 386 体系结构）和源代码。从此以后，"奇迹"开始发生。

Linux 操作系统允许个人用户使用，因为它是在 Internet 上发布的，所以网络上的任何人在任何地方都可以得到 Linux 操作系统的基本文件，并且可以通过电子邮件发表评论或者提供修正代码。这些 Linux 操作系统的爱好者（包括各大院校的学生、科研机构的科研人员，甚至网络黑客等）纷纷把它当作学习和研究的对象，他们提供的所有初期上载代码和评论对 Linux 操作系统的发展至关重要。正是在众多爱好者的努力下，Linux 操作系统在不到 3 年的时间里成了一个功能完善、稳定可靠的操作系统。

目前，Linux 已经成为一个功能完善的主流网络操作系统。作为服务器的操作系统，它包括配置和管理各种网络所需的所有工具，并且得到 Oracle、IBM、惠普、戴尔等大型 IT 企业的支持。越来越多的企业开始采用 Linux 作为服务器的操作系统，也有很多用户采用 Linux 作为桌面操作系统。

2．Linux 操作系统的组成

Linux 操作系统由内核（Kernel）、外壳（Shell）和应用程序三大部分构成，如图 1.2.1 所示。硬件平台是 Linux 操作系统运行的基础，目前，Linux 操作系统几乎可以在所有类型的计算机硬件平台上运行。

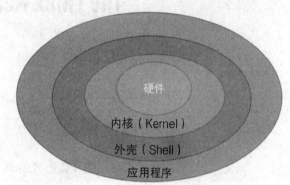

图 1.2.1　Linux 操作系统结构层次图

（1）内核（Kernel）：Kernel 是系统的"心脏"，是运行程序和管理磁盘、打印机等硬件设备的核心程序。

（2）外壳（Shell）：Shell 是系统的用户界面，提供了用户与内核进行交互操作的一种接口。它接收用户输入的命令并将其发送到内核中执行。实际上，Shell 是一个命令解释器，可以解释所有用户输入的命令并且把它们发送到内核中。目前，Shell 有 bash、csh 等版本。

（3）应用程序：标准的 Linux 操作系统都有一套称为应用程序的程序集，包括文本编辑器、编程语言、X Window、办公套件、Internet 工具、数据库等。

3．Linux 内核版本

虽然在普通用户看来，Linux 操作系统是以一个整体出现的，但是 Linux 操作系统的版本实际上由内核版本和发行版本两部分组成，且每部分都有不同的含义和相关规定。

Linux 内核属于设备与应用程序之间的抽象介质，应用程序可以通过内核控制硬件。

Linus Torvalds 领导下的开发小组控制着 Linux 内核开发与规范。目前，Linux 内核的最新版本编号为 6.5.9（截至编者完成本书的编写时），并且每隔一段时间就会更新一次，使得 Linux 内核版本越来越完善和强大。

在一般情况下，Linux 内核版本的编号有严格的定义标准，为了分辨和统一，由 3 个数字组成（如截至编者完成本书的编写时，Linux 内核的最新版本编号为 6.5.9），格式为"主版本号.次版本号.修订版本号"。

第 1 个数字表示主版本号，也就是进行大升级的版本，表示内核发生重大变更。

第 2 个数字表示次版本号，若该数字为偶数，则表示生产版本；若该数字为奇数，则表示测试版本。

第 3 个数字表示修订版本号，表示某些较小的功能改动或优化，一般表示把若干优化整合在一起统一对外发布的版本。

用户可以从 Linux 官方网站下载所需的 Linux 内核版本，如图 1.2.2 所示。

图 1.2.2　Linux 内核版本下载的官方网站

4．Linux 发行版本

显而易见地，如果没有高层应用软件的支持，那么只有内核的操作系统是无法供用户使用的。由于 Linux 操作系统的内核是开源的，任何人都可以对内核进行修改，因此一些商业公司以 Linux 内核为基础，开发了配套的应用程序，并将其组合在一起以发行版本（Linux Distribution）的形式对外发行，又称 Linux 套件。人们现在所提到的 Linux 操作系统一般指的是这些发行版本，而不是 Linux 内核版本。常用的 Linux 发行版本有 Red Hat、CentOS、Ubuntu、openSUSE、Debian 等。下面介绍几种 Linux 发行版本。

1）Fedora Core

Fedora Core 的前身就是 Red Hat Linux。2003 年 9 月，红帽公司（Red Hat）突然宣布不再推出个人使用的发行套件而专心发展商业版本（Red Hat Enterprise Linux）的桌面套件，同时红帽公司还宣布将原有的 Red Hat Linux 开发计划和 Fedora 计划整合成一个新的 Fedora Project。Fedora Project 将会由红帽公司赞助，以 Red Hat Linux 9 为范本进行改进，原本的开发团队会继续参与 Fedora Project 的开发计划，并且鼓励开放原始码社群参与开发工作。

与 Red Hat Enterprise Linux 被定位为稳定性优先不同，Fedora Core 被红帽公司定位为新技术的实验场，许多新技术都会在 Fedora Core 中检验，如果新技术很稳定，那么红帽公司会考虑将其加入 Red Hat Enterprise Linux 中。

2）Debian Linux

Debian Linux 是最古老的 Linux 发行版本之一，很多其他 Linux 发行版本都是基于 Debian Linux 发展而来的，如 Ubuntu、Google Chrome OS 等。Debian Linux 主要分为 3 个版本，即稳定版本（stable）、测试版本（testing）、不稳定版本（unstable）。

3）Slackware Linux

Slackware Linux 是由 Patrick Volkerding 开发的 GNU/Linux 发行版本。与很多其他的发行版本不同，它坚持 KISS（Keep It Simple Stupid）原则，没有任何用于配置系统的图形界面工具。一开始，用户在配置系统时会遇到一些困难，但是有经验的用户会喜欢这种方式的透明性和灵活性。Slackware Linux 的另一个突出特性也符合 KISS 原则：Slackware Linux 没有类似 RPM 的成熟的软件包管理器。它的最大特点就是安装简单，目录结构清晰，版本更新快，适合安装在服务器端。Slackware Linux 的软件包通常都是 tgz（tar/gzip）格式的文件再加上安装脚本。对于有经验的用户来说，tgz 比 RPM 更强大，并且避免了 RPM 的依赖性问题。

4）Rocky Linux

Rocky Linux 是一个开源、免费的企业级操作系统，旨在与 RHEL（Red Hat Enterprise Linux）100%兼容。

2020 年 12 月 8 日，Red Hat 宣布公司将停止开发 CentOS，转而支持该操作系统更新的上游开发变体，称为 "CentOS Stream"。之后，CentOS 创始人 Gregory Kurtzer 在 CentOS 网站上发表评论，宣布他将再次启动一个项目以实现 CentOS 的最初目标。该项目的名字是对早期 CentOS 联合创始人 Rocky McGaugh 的致敬。到同年 12 月 12 日，Rocky Linux 的代码仓库已经成为 GitHub 上的热门仓库。

2022 年 7 月 16 日，Rocky Linux 社区宣布，Rocky Linux 9.0 全面上市，可以作为 CentOS Linux 和 CentOS Stream 的直接替代品。

5．Kylin 操作系统简介

Kylin 操作系统，即银河麒麟高级服务器操作系统，是针对企业级关键业务，适应虚拟化、云计算、大数据、工业互联网时代对主机系统可靠性、安全性、扩展性和实时性等的需求，依据 CMMI5 级标准研制的提供内生本质安全、云原生支持、自主 CPU 平台深入优化、高性能且易管理的新一代自主服务器操作系统。

银河麒麟高级服务器操作系统汲取最新的云和容器开源技术，融合云计算、大数据、人工智能技术，助力企业上云，标志着银河麒麟服务器操作系统面向云化的全面突破。它支持云原生应用，满足企业当前数据中心及下一代数据中心的虚拟化（含 Docker 容器）、大数据、云服务等需求，为用户提供融合、统一、自主创新的基础软件平台及灵活的管理服务。

基于银河麒麟高级服务器操作系统，用户可以轻松构建数据中心、高可用集群、负载均衡集群、虚拟化应用服务、分布式文件系统等，并对虚拟数据中心的跨物理系统、虚拟机集群进行统一的监控和管理。

银河麒麟高级服务器操作系统针对企业关键生产环境和特定场景进行调优，充分释放 CPU 算力，助力用户业务系统运行得更高效、更稳定，支持行业专用的软件系统，已被广泛应用于政府、金融、教育、财税、公安、审计、交通、医疗、制造等领域。

6. 银河麒麟高级服务器操作系统的特点

1）同源构建

银河麒麟高级服务器操作系统支持 6 款自主 CPU 平台（飞腾、鲲鹏、龙芯、申威、海光、兆芯等国产 CPU），且所有组件基于同一套源代码构建。

2）自主 CPU 平台深入优化

针对不同的自主 CPU 平台，银河麒麟高级服务器操作系统在内核层、RAS 特性、I/O 性能、虚拟化和国产硬件（桥片、网卡、显卡、AI 卡、加速卡等）及驱动支持等方面进行优化增强及工控机支持，并对指令级别进行创新优化，性能表现将提升 5%以上。

3）虚拟化及云原生支持

银河麒麟高级服务器操作系统的云原生特性增强，可以实现 QAS、EDT 网络带宽分级管控，并优化支持 KVM、Docker、LXC 等虚拟化及 Ceph、GlusterFS、OpenStack、K8s 等原生技术生态，实现对容器、虚拟化、云服务、大数据等云原生应用的良好支持，提供新业务容器化运行和高性能可伸缩的容器应用管理平台。

4）高可用性

银河麒麟高级服务器操作系统通过 XFS 文件系统、备份恢复、网卡绑定、硬件冗余等技术和配套的麒麟高可用集群软件，实现系统可靠、数据可靠、应用可靠，确保集群或单系统上关键业务、核心应用的稳定性和可靠性。

5）可管理性

银河麒麟高级服务器操作系统可以提供图形化管理工具和统一的管理平台，实现对物理服务器集群运行状态的监控及预警、对虚拟化集群的配置及管控、对高可用集群的策略制定和资源调配等功能；可以提供易用性强、运行稳定的服务器操作系统管理平台，提升服务器操作系统的迁移效率、可运维性和安全性。

6）内生本质安全

银河麒麟高级服务器操作系统构建了基于自主软硬件和密码技术的内核与应用一体化的内生本质安全体系；自研了内核安全访问统一控制框架 KYSEC、生物识别管理框架和安全管理工具；支持多策略融合的强制访问控制机制、国密算法、可信计算通过 GB/T20272 第四级测评。

银河麒麟高级服务器操作系统 V10 与其他配套扩展软件共同服务于传统业务应用、系统迁移、云计算、大数据、高可用、虚拟化、人工智能七大场景，为用户上云提供底座支撑，协助企业进行数字化转型。

任务实施

1．将安装映像放入虚拟机光驱

步骤 1：在 VMware Workstation 虚拟机界面左侧选择虚拟机"Server1"，在"Server1"选项卡的设备列表中双击光盘驱动器"CD/DVD（IDE）"选项，如图 1.2.3 所示。

步骤 2：在"虚拟机设置"对话框的"硬件"选项卡中，选择光盘驱动器"CD/DVD（IDE）"选项，选中右侧的"使用 ISO 映像文件"单选按钮，单击"浏览"按钮，如图 1.2.4 所示。

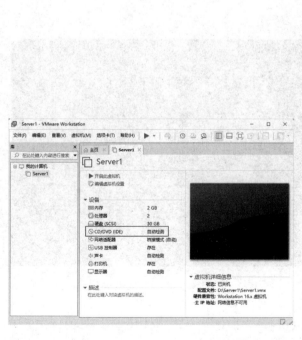

图 1.2.3　VMware Workstation 虚拟机界面（1）

图 1.2.4　"虚拟机设置"对话框

步骤 3：在"浏览 ISO 映像"对话框中浏览并选择 Kylin 操作系统的安装映像文件，单击"打开"按钮，如图 1.2.5 所示。

图 1.2.5　"浏览 ISO 映像"对话框

步骤 4：返回"虚拟机设置"对话框，单击"确定"按钮，完成设置。

2．安装 Kylin 操作系统

步骤 1：在 VMware Workstation 虚拟机界面的"Server1"选项卡中，单击"开启此虚拟机"按钮，如图 1.2.6 所示。

步骤 2：加载后进入安装界面，选择"Install Kylin Linux Advanced Server V10"选项，按 Enter 键即可开始安装，如图 1.2.7 所示。

图 1.2.6　VMware Workstation 虚拟机界面（2）

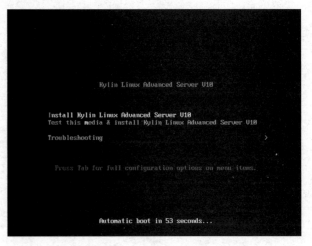

图 1.2.7　安装界面

步骤 3：选择安装过程中的语言，初学者可以选择"中文"→"简体中文"选项，之后单击"继续"按钮，如图 1.2.8 所示。

步骤 4：在"安装信息摘要"界面中，单击"系统"→"安装位置"按钮，如图 1.2.9 所示。

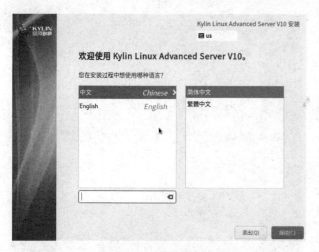

图 1.2.8　选择语言

图 1.2.9　"安装信息摘要"界面

步骤 5：在"安装目标位置"界面中，选中"自动"单选按钮，单击"完成"按钮，如图 1.2.10 所示。

步骤 6：返回"安装信息摘要"界面，单击"用户设置"→"Root 密码"按钮，进入"ROOT 密码"界面，设置 root 用户的密码，并单击"完成"按钮，如图 1.2.11 所示[①]。

图 1.2.10　"安装目标位置"界面

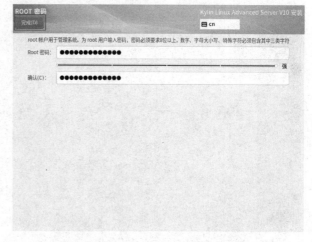

图 1.2.11　"ROOT 密码"界面

 小贴士

root 密码必须为 8 位以上，且包含数字、字母大小写、特殊字符中的任意三类字符。

步骤 7：返回"安装信息摘要"界面，单击"系统"→"网络和主机名"按钮，进入"网络和主机名"界面，配置主机名为"kylin.phei.com.cn"，单击"应用"按钮使配置生效，之后

① 图 1.2.11 中"帐户"的正确写法为"账户"，后文同。

单击"完成"按钮，如图 1.2.12 所示。

步骤 8：返回"安装信息摘要"界面，单击"开始安装"按钮，开始安装 Kylin 操作系统，如图 1.2.13 所示。

图 1.2.12　"网络和主机名"界面　　　　　图 1.2.13　开始安装 Kylin 操作系统

步骤 9：安装软件包大概需要 8~10 分钟，如图 1.2.14 所示。

步骤 10：完成 Kylin 操作系统安装后，单击"重启系统"按钮，重新引导系统，如图 1.2.15 所示。

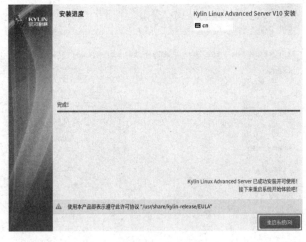

图 1.2.14　正在安装 Kylin 操作系统　　　　图 1.2.15　Kylin 操作系统安装完成

3．初次使用 Kylin 操作系统

步骤 1：重新引导系统后，在第一次使用前，需要设置许可证信息。在"初始设置"界面中，选择"许可证"→"许可信息"选项，如图 1.2.16 所示。

步骤 2：在"许可信息"界面中，勾选"我同意许可协议"复选框，单击"完成"按钮，如图 1.2.17 所示。

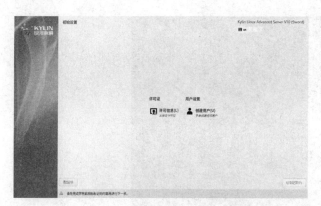

图 1.2.16　"初始设置"界面（1）　　　　　图 1.2.17　"许可信息"界面

步骤 3：返回"初始设置"界面，选择"用户设置"→"创建用户"选项，如图 1.2.18 所示。

步骤 4：进入"创建用户"界面，设置全名和用户名为"admin"，密码自定义，单击"完成"按钮，如图 1.2.19 所示。

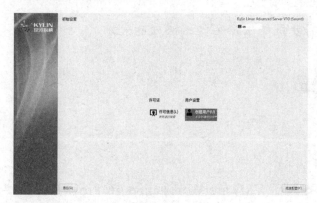

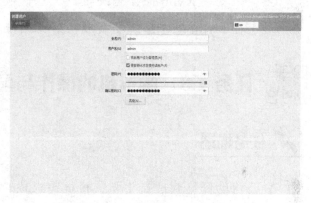

图 1.2.18　"初始设置"界面（2）　　　　　图 1.2.19　设置用户名和密码

步骤 5：返回"初始设置"界面，单击"结束配置"按钮，如图 1.2.20 所示。

步骤 6：初次登录系统，选择用户"admin"，输入密码，单击"→"按钮或直接按"Enter"键，如图 1.2.21 所示。

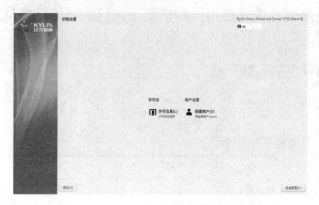

图 1.2.20　"初始设置"界面（3）　　　　　图 1.2.21　登录 Kylin 操作系统

步骤 7：进入 Kylin 操作系统主界面，如图 1.2.22 所示。

图 1.2.22　Kylin 操作系统主界面

任务小结

（1）在安装 Kylin 操作系统时，注意交换分区的大小。

（2）在 Kylin 操作系统安装成功后，用户需要记住用户名和密码才能登录。

任务 1.3　虚拟机的操作与配置

任务描述

　　Y 公司的网络管理员小赵，根据需求成功安装了 VMware Workstation 16 Pro，并且新建了基于 Kylin 操作系统的虚拟机，他接下来的任务是进行虚拟机的操作与配置。

任务要求

　　因为每台虚拟机的功能要求不同，虚拟机宿主机的性能也存在差异，所以需要对虚拟机进行配置，修改虚拟机的硬件参数配置，并且需要在关闭虚拟机的情况下进行。网络管理员小赵需要对虚拟机进行配置，具体要求如下所示。

　　（1）预先浏览虚拟机的存储位置 "D:\Server1\Server1.vmx"。

　　（2）Kylin 虚拟机基本配置如表 1.3.1 所示。

表 1.3.1　Kylin 虚拟机基本配置

项　　目	说　　明
基本操作	打开虚拟机，存储位置为 D:\Server1\Server1.vmx
	关闭虚拟机、挂起与恢复虚拟机和删除虚拟机
	修改虚拟机的网络类型为仅主机模式

续表

项　目	说　明
克隆	创建完整克隆，设置名称为"Server2"、位置为"D:\"
快照	创建快照，设置名称为"Server1 初始快照" 管理快照，将 Server1 虚拟机恢复到快照初始状态

1．VMware Workstation 虚拟机的网络类型

VMware Workstation 虚拟机有 3 种网络类型：桥接模式（Bridged）、NAT 模式和仅主机模式（Host-Only）。在介绍 VMware Workstation 虚拟机的网络类型之前，有几个 VMware 虚拟网络设备需要解释清楚，其作用如表 1.3.2 所示。

表 1.3.2　VMware 虚拟网络设备及其作用

虚拟网络设备（网卡）	作　用
VMnet0	VMware 虚拟桥接网络下的虚拟交换机
VMnet1	VMware 虚拟 Host-Only 网络下的虚拟交换机
VMnet8	VMware 虚拟 NAT 网络下的虚拟交换机
VMware Network Adepter VMnet1	主机与虚拟 Host-Only 网络进行通信的虚拟网卡
VMware Network Adepter VMnet8	主机与虚拟 NAT 网络进行通信的虚拟网卡

1）桥接模式（Bridged）

桥接模式，相当于在物理主机与虚拟机网卡之间架设了一座桥梁，可以直接连接网络。这种模式使得虚拟机被分配到一个网络的独立 IP 地址中，其所有网络功能完全和网络中的物理主机一样，既可以实现虚拟机和物理主机的相互访问，也可以实现虚拟机之间的相互访问。

2）NAT 模式

在 NAT 模式下，物理主机会变成一台虚拟交换机，物理主机的网卡与虚拟机的虚拟网卡利用虚拟交换机进行通信，物理主机与虚拟机在同一网段中，虚拟机可以直接利用物理网络访问外网，实现虚拟机与互联网的连通，但是只能进行单向访问，即虚拟机可以访问网络中的物理主机，网络中的物理主机不可以访问虚拟机，并且虚拟机之间不可以互相访问。在物理主机中，NAT 模式虚拟网卡对应的物理网卡是 VMnet8。

3）仅主机模式（Host-Only）

仅主机模式是指在主机中模拟出一块专供虚拟机使用的网卡，并且所有虚拟机都是连接到该网卡上的。这种模式仅允许虚拟机与物理主机通信，不能访问外网。在物理主机中，仅主机模式虚拟网卡对应的物理网卡是 VMnet1。

2. 虚拟机克隆

虽然安装和配置虚拟机很方便，但这仍然是一项耗时的工作，在很多时候需要使用多台虚拟机来完成学习或实验，这时如果能够快速部署虚拟机就显得更加方便了，虚拟机软件提供的克隆功能恰恰可以做到这一点。克隆是指将一台已经存在的虚拟机作为父本，迅速地建立该虚拟机的副本。克隆出来的虚拟机是一台单独的虚拟机，功能独立。在克隆出来的系统中，即使共享父本的硬盘，所做的任何操作也不会影响父本，并且在父本中的操作也不会影响克隆的机器，网卡的 MAC 地址和 UUID（Universally Unique Identifier，通用唯一识别码）与父本都不一样。使用克隆功能，可以轻松复制出虚拟机的多个副本，而不用考虑虚拟机文件所在的位置及配置文件的位置。

1）克隆的应用

当需要把一个虚拟机操作系统分发给多人使用时，克隆非常有效。例如，克隆可以应用于下列场景。

（1）在公司中，可以把安装和配置好办公环境的虚拟机克隆给每个工作人员使用。

（2）在进行软件测试时，可以把预先配置好的测试环境克隆给每个测试人员使用。

（3）老师可以先把课程中要用到的实验环境准备好，然后克隆给每个学生使用。

2）克隆的类型

（1）完整克隆。完整克隆的虚拟机是一台独立的虚拟机，克隆结束后不需要共享父本。完整克隆的过程是完全克隆一个副本，并且和父本完全分离。完整克隆会从父本的当前状态开始克隆，克隆结束后和父本就没有关联了。

（2）链接克隆。链接克隆的虚拟机是通过父本的一个快照克隆出来的。链接克隆需要使用父本的磁盘文件，如果父本不能使用（如已被删除），那么链接克隆也不能使用。

3. 虚拟机快照

在学习操作系统的过程中，往往会反复对系统进行设置，但有些操作是不可逆的，即使是可逆的也费时费力。这时可以对系统的状态进行备份，便于在完成实验或者实验失败之后，使用快照功能将系统迅速恢复到实验前的状态，多数虚拟机都提供了类似的功能。

快照是虚拟机磁盘文件在某个时间点的副本。可以通过设置多个快照为不同的工作保存多个状态，并且这些状态互不影响。快照可以在操作系统运行过程中随时设置，并在之后随时恢复到创建快照时的状态，其创建和恢复都非常快，几秒就完成了。在系统崩溃或系统异常时，可以通过使用快照功能来恢复磁盘文件系统和系统存储状态。

任务实施

1. 虚拟机基本操作

1）打开虚拟机

步骤 1：打开 VMware Workstation 虚拟机界面的"主页"选项卡，单击"打开虚拟机"按钮，如图 1.3.1 所示。

步骤 2：在"打开"对话框中，浏览虚拟机的存储位置并选择虚拟机的配置文件"D:\Server1\Server1.vmx"，单击"打开"按钮，如图 1.3.2 所示。

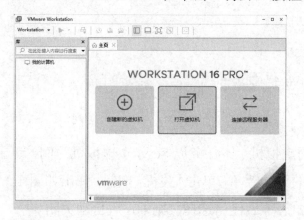

图 1.3.1　VMware Workstation 虚拟机界面

图 1.3.2　"打开"对话框

 小贴士

在虚拟机的存储位置下，存储了有关该虚拟机的所有文件或文件夹，常见 VMware Workstation 虚拟机的文件扩展名及其作用如表 1.3.3 所示。

表 1.3.3　常见 VMware Workstation 虚拟机的文件扩展名及其作用

文件扩展名	文 件 作 用
.vmx	虚拟机配置文件，用于存储虚拟机的硬件及设置信息，运行此文件即可显示该虚拟机的配置信息
.vmdk	虚拟机磁盘文件，用于存储虚拟机磁盘中的内容
.nvram	存储虚拟机 BIOS 状态信息
.vmsd	存储虚拟机快照相关信息
.log	存储虚拟机运行信息，常用于对虚拟机进行故障诊断
.vmss	存储虚拟机挂起状态信息

步骤 3：返回 VMware Workstation 虚拟机界面并显示"Server1"选项卡后，在"Server1"选项卡中单击"开启此虚拟机"按钮，如图 1.3.3 所示。

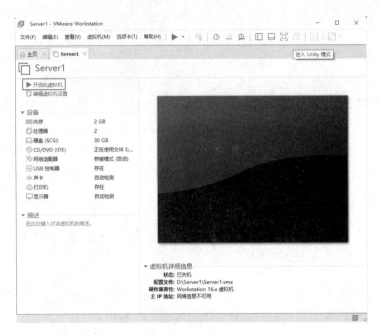

图 1.3.3　　"Server1"选项卡

2）关闭虚拟机

步骤 1：在虚拟机所安装的操作系统中关闭虚拟机。本任务以 Server1 虚拟机为例，单击桌面左下角的"UK"按钮，弹出如图 1.3.4 所示的开始菜单，单击"关机"按钮，弹出如图 1.3.5 所示的提示对话框，默认选择"关闭"选项，如果不做任何选择，则 60s 后自动关闭。

图 1.3.4　开始菜单

图 1.3.5　提示对话框

步骤 2：当因为操作不当造成系统蓝屏、死机等异常情况而无法正常关闭虚拟机时，可以在 VMware Workstation 虚拟机界面中单击"挂起"按钮（两个橙色的竖线）后的下拉箭头，在弹出的下拉菜单中选择"关闭客户机"选项或"关机"选项，如图 1.3.6 和图 1.3.7 所示。

图 1.3.6　选择"关闭客户机"选项

图 1.3.7　选择"关机"选项

3）挂起与恢复运行虚拟机

步骤 1：挂起虚拟机。在 VMware Workstation 虚拟机界面中单击"挂起"按钮，或者单击"挂起"按钮后的下拉箭头，在弹出的下拉菜单中选择"挂起客户机"选项，如图 1.3.8 所示。

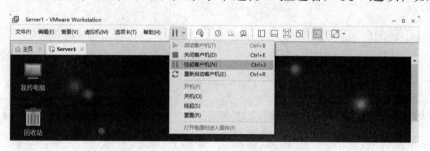

图 1.3.8　选择"挂起虚拟机"选项

步骤 2：恢复运行已挂起的虚拟机。可以在 VMware Workstation 虚拟机界面中打开该虚拟机对应的选项卡，并单击"继续运行此虚拟机"按钮，如图 1.3.9 所示。

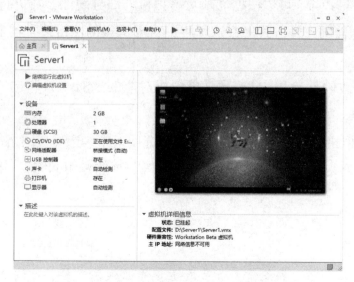

图 1.3.9　单击"继续运行此虚拟机"按钮

4）删除虚拟机

步骤 1：在 Server1 虚拟机对应的"Server1"选项卡中，选择"虚拟机"→"管理"→"从磁盘中删除"选项，删除虚拟机，如图 1.3.10 所示。

步骤 2：在弹出的警告对话框中，单击"是"按钮，确认删除虚拟机，如图 1.3.11 所示。

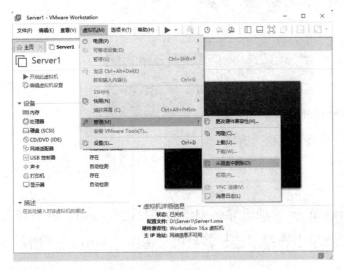

图 1.3.10　删除虚拟机

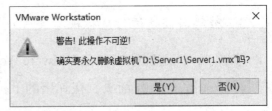

图 1.3.11　确认删除虚拟机

 小贴士

当使用"从磁盘中删除"选项来删除虚拟机时，会删除虚拟机物理路径下的所有文件。如果仅在 VMware Workstation 虚拟机界面左侧的虚拟机列表中删除虚拟机，则只是不在 VMware Workstation 虚拟机界面中显示该虚拟机，而不会删除虚拟机物理路径下的任何文件。

5）修改虚拟机硬件参数配置

在使用虚拟机的过程中，可以根据需求对虚拟机的部分硬件参数进行修改，如内存大小、CPU 个数、网络适配器的连接方式等，这里将一台虚拟机的网络适配器的网络类型由桥接模式修改为仅主机模式。

步骤 1：在要修改硬件参数的 Server1 虚拟机对应的"Server1"选项卡中，选择"虚拟机"→"设置"选项，如图 1.3.12 所示。

步骤 2：在"虚拟机设置"对话框的"硬件"选项卡中，选择"网络适配器"选项，之后修改"网络连接"类型为"仅主机模式（H）：与主机共享的专用网络"，并单击"确定"按钮，如图 1.3.13 所示。

 小贴士

在使用虚拟机的过程中，如果需要加载或更换光盘映像文件，建议将"CD/DVD（IDE）"的"设备状态"设置为"已连接"和"启动时连接"。

图 1.3.12　选择"设置"选项

图 1.3.13　修改网络适配器的网络
连接类型

2. 创建虚拟机克隆与快照

1）虚拟机的完整克隆

VMware Workstation 虚拟机的克隆功能可以克隆当前状态，也可以克隆现有快照（需要关闭虚拟机）。

步骤 1：在 VMware Workstation 虚拟机界面中，选择"虚拟机"→"管理"→"克隆"选项，如图 1.3.14 所示。

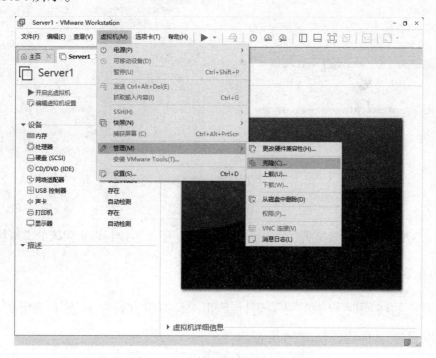

图 1.3.14　选择"克隆"选项

步骤 2：弹出"克隆虚拟机向导"初始对话框，直接单击"下一步"按钮，打开"克隆源"

对话框，选中"虚拟机中的当前状态"单选按钮，单击"下一页"按钮，如图 1.3.15 所示。

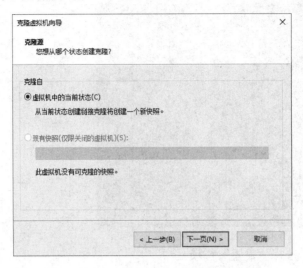

图 1.3.15　克隆虚拟机中的当前状态

步骤 3：在"克隆类型"对话框中，选择克隆类型，这里选中"创建完整克隆"单选按钮，单击"下一页"按钮，如图 1.3.16 所示。

步骤 4：在"新虚拟机名称"对话框中，输入克隆的虚拟机的名称，并确定新虚拟机的保存位置，之后单击"完成"按钮，完成虚拟机的克隆，如图 1.3.17 所示。采用同样的方法，可以完成多台虚拟机的克隆。

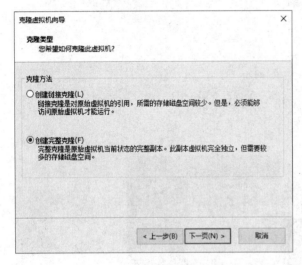

图 1.3.16　选择克隆类型

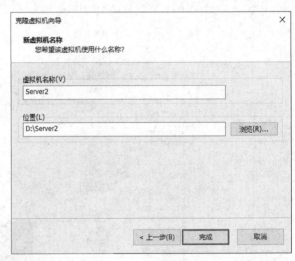

图 1.3.17　设置克隆的虚拟机的名称

2）快照的生成

在设置虚拟机的快照时，不需要关闭计算机，虚拟机在任何状态下都可以生成快照，这样在还原时可以迅速还原到备份时的状态。

步骤 1：在虚拟机运行的界面中选择"虚拟机"→"快照"→"拍摄快照"选项，如图 1.3.18 所示。

步骤 2：在弹出的"Server1-拍摄快照"对话框中，输入快照名称和快照描述，单击"拍摄快照"按钮，如图 1.3.19 所示。

图 1.3.18 选择"拍摄快照"选项

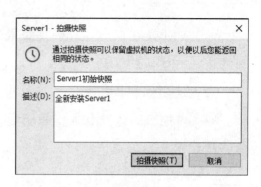

图 1.3.19 设置快照名称和快照描述

3）快照的管理

步骤 1：在进行快照管理时，可以恢复到快照的备份点。在虚拟机运行的界面中选择"虚拟机"→"快照"→"快照管理器"选项，如图 1.3.20 所示。

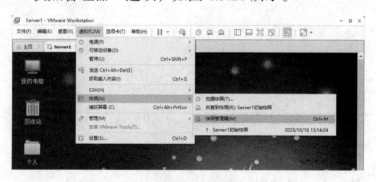

图 1.3.20 选择"快照管理器"选项

步骤 2：弹出"Server1-快照管理器"对话框，如图 1.3.21 所示。选择要恢复的快照点，单击"转到"按钮即可恢复到快照的备份点。

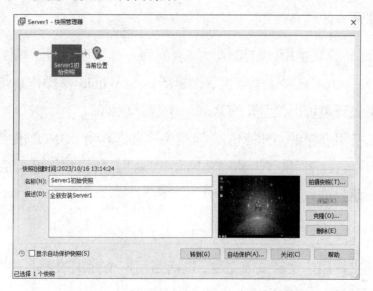

图 1.3.21 "Server1-快照管理器"对话框

任务小结

（1）VMware Workstation 虚拟机的网络类型有桥接模式、NAT 模式和仅主机模式，需要注意这 3 种模式的区别。

（2）使用虚拟机的克隆和快照功能能够快速部署虚拟机。

（3）虚拟机的快照在操作系统运行过程中可以随时设置，以便在系统崩溃或系统异常时，能够快速恢复到创建快照时的状态。

任务 1.4　Kylin 操作系统的基础配置

任务描述

Y 公司的管理员小赵将 Kylin 操作系统安装完成后，需要对所有服务器进行系统的基本配置，并且了解系统的基本操作，从而熟悉和保证系统的正常运行。

任务要求

小赵需要在图形界面中完成这些基本配置，具体要求如下所示。

（1）使用 root 用户的身份登录 Kylin 操作系统。

（2）对 Kylin 操作系统进行注销、重启和锁屏操作。

1．认识桌面环境

简单来讲，桌面环境就是用户与操作系统之间的一个图形界面。桌面环境由多个组件构成，包括窗口、文件夹、工具栏、菜单栏、图标等。与 Windows 操作系统的桌面环境相比，Kylin 操作系统的桌面环境可以说是丰富多彩、千变万化的。

Kylin 操作系统使用开源的 GNOME 作为默认的桌面环境。GNOME 是一种直观、拥有良好用户体验的桌面环境，它提供了丰富的功能和扩展性，使用户能够自由定制个性化桌面。Kylin 操作系统的桌面具有如下特点。

1）主题定制

Kylin 操作系统支持用户定制桌面主题，以满足用户个性化的需求。用户可以自定义桌面背景、窗口样式、图标等，打造自己喜欢的桌面外观。

2）动态壁纸

Kylin 操作系统支持动态壁纸设置，可为桌面营造更加生动和活泼的氛围。用户可以选择自己喜欢的动态壁纸，并使其在桌面上循环播放。

3）快捷方式和启动器

在桌面环境中，用户可以自定义快捷方式和启动器，以便快速访问常用应用程序和文件。用户可以在桌面上创建自己喜欢的快捷方式，并将其固定在启动器中。

4）面板和插件

Kylin 操作系统的桌面环境提供了自定义面板和插件的功能，用户可以根据自己的喜好和工作习惯来调整面板的布局，以及添加或删除面板和插件。

5）字体和字体大小

个性化的桌面环境还允许用户定制字体和字体大小。用户可以选择自己喜欢的字体和字体大小，并应用到整个桌面环境中。

总之，Kylin 操作系统通过支持个性化的桌面环境，为用户提供了更加舒适和高效的使用体验。用户可以根据自己的喜好和需求来定制桌面的外观和功能，使其更符合个人的审美和工作习惯。

2．切换不同终端

在安装好 Kylin 操作系统之后，如果默认运行的是图形界面，则系统启动后会直接进入默认桌面环境；如果默认运行的是文本界面，则系统启动后会直接进入文本界面。

Kylin 操作系统提供了图形界面终端和文本界面终端来管理系统，真正做到了多用户、多任务。这些终端接收用户的键盘输入，并将结果输出到终端窗口上。按 Ctrl+Alt+F1～Ctrl+Alt+F6 组合键可以切换终端，其中，Ctrl+Alt+F1 组合键对应的是图形界面终端，其他组合键对应的是文本界面终端。例如，按 Ctrl+Alt+F2 组合键显示的是文本界面终端，如图 1.4.1 所示。

3．登录、注销和锁屏

1）登录

在使用 Kylin 操作系统之前，用户必须登录后才可以使用系统中的各种资源。登录的目的是使系统能够识别当前用户的身份，当用户访问资源时，系统可以判断该用户是否具有相应的访问权限。登录是使用系统的第一步，用户应该先拥有一个系统的账户，作为登录凭证。

图 1.4.1　文本界面终端

2）注销

注销是指退出某个用户的登录，是与登录相反的操作。注销会结束当前用户的所有进程，但不会关闭系统，也不会影响系统中其他用户的工作。注销当前登录的用户，目的是以其他用户身份登录系统。

3）锁屏

当用户暂时不需要使用计算机时，可以选择锁屏。锁屏不会影响系统的运行状态，可以防止误操作，用户通过输入密码可以重新进入系统。在默认情况下，系统在经过一段空闲时间后，会自动锁屏。

4．终端窗口

和 Windows 操作系统一样，Kylin 操作系统也提供了优秀的图形界面，用户可以通过图形界面来方便地执行各种操作。但是对于大多数 Kylin 操作系统管理员来说，最常用的操作环境还是 Kylin 操作系统的终端窗口，又称命令行窗口、文本界面或 Shell（外壳程序）界面。Shell 会将用户通过键盘输入的命令先进行适当的解释，然后提交给内核程序执行，最后将命令的执行结果显示给用户。下面以 Kylin 操作系统为例，说明如何打开终端窗口。

在登录 Kylin 操作系统之后，单击桌面左下角处的"UK"按钮，在弹出的开始菜单中依次选择"所有程序"→"系统工具"→"终端"选项，即可打开 Kylin 操作系统的终端窗口，如图 1.4.2 所示。

在默认配置下，Kylin 操作系统的终端窗口如图 1.4.3 所示。终端窗口的最上方是标题栏，在标题栏中显示了当前登录终端窗口的用户名和主机名，以及最小化、最大化及关闭按钮；

在标题栏下方的菜单栏中从左至右共有 6 个菜单，用户可以选择相应的菜单及子菜单中的选项来完成相应的操作；在菜单栏下方显示的是命令提示符，用户在命令提示符右侧输入命令，按 Enter 键即可将命令提交给外壳程序进行解释，再由内核程序执行。

图 1.4.2　打开 Kylin 操作系统的终端窗口

图 1.4.3　Kylin 操作系统的终端窗口

在 Kylin 操作系统的终端窗口中，会出现以字符"#"或"$"结束的命令提示符，如下所示。

```
[root@kylin ~]#
```

（1）"[]"是分隔符号，后跟字符"#"或"$"。

（2）"root"表示当前的登录用户名。

（3）"kylin"表示系统主机名。

（4）"~"表示用户当前的工作目录。

（5）"#"表示的是超级用户；"$"表示的是普通用户。

🔧 任务实施

（1）使用 root 用户的身份登录 Kylin 操作系统。具体实施过程如下。

登录界面默认添加的是普通用户，如果想以超级用户 root 的身份登录，可单击如图 1.4.4（a）所示的"登录"按钮，输入用户名"root"和正确密码，单击"➡"按钮或直接按 Enter 键，如图 1.4.4（b）所示，即可登录系统。

（2）对 Kylin 操作系统进行注销、重启和锁屏操作。具体实施过程如下。

步骤 1：单击桌面左下角的"UK"按钮，在弹出的开始菜单中单击"关机"按钮右侧的"▶"按钮，在弹出的菜单中选择"注销"选项，如图 1.4.5 所示，可以注销系统并进入登录界面。

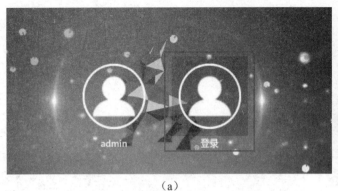
(a)

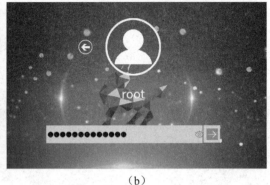
(b)

图 1.4.4　登录界面

步骤 2：如果需要重启系统，则单击桌面左下角的"UK"按钮，在弹出的开始菜单中单击"关机"按钮右侧的"▶"按钮，在弹出的菜单中选择"重启"选项，弹出如图 1.4.6 所示的提示对话框，选择"重启"选项，就可以重启系统。如果不做任何选择，则系统在 60s 后自动关闭。

图 1.4.5　选择"注销"选项

图 1.4.6　提示对话框

步骤 3：如果需要对系统进行锁屏操作，则单击桌面左下角的"UK"按钮，在弹出的开始菜单中单击"关机"按钮右侧的"▶"按钮，在弹出的菜单中选择"锁屏"选项，即可完成操作（也可以通过 Win+L 组合键来完成快捷锁屏操作）。

📈 任务小结

（1）在使用 Kylin 操作系统时，文本界面比图形界面更加方便。

（2）超级用户的提示符为"#"，普通用户的提示符为"$"。

项目 2

文件系统与磁盘管理

● 项目描述

　　Y 公司是一家拥有上百台服务器的电子商务运营公司。网络管理员小赵将服务器的操作系统安装完成后，在操作 Kylin 操作系统时，他面对的都是各种各样的文件，而文件系统是操作系统中用于存储和管理文件的系统。从操作系统的角度来看，文件系统能对文件的存储空间进行组织和分配，并对文件进行保护和检查。从用户的角度来看，文件系统可以帮助用户创建文件，并对文件进行读/写、删除等操作。一名合格的网络管理员必须熟悉 Kylin 操作系统的目录结构及作用，掌握常用文件和目录的操作命令，掌握命令行下功能强大的 vim 编辑器的使用方法。

　　网络管理员的日常维护工作包括服务器的存储管理，所以一名合格的网络管理员必须掌握磁盘的分区、格式化及挂载等操作。

　　本项目主要介绍 Kylin 操作系统的文件和目录管理命令、vim 编辑器的使用方法和支持的文件系统类型，以及如何对磁盘进行分区和挂载等。

⭐ 知识目标

1. 了解文件系统的基本概念。
2. 掌握 Kylin 文件系统的目录结构及主要目录的用途。
3. 掌握文件的类型。
4. 掌握常用的文件和目录管理命令。
5. 掌握 vim 编辑器的 3 种模式。
6. 理解磁盘分区的命名规则。
7. 掌握磁盘管理命令。

能力目标

1. 能够使用文件和目录管理命令进行查看、创建、删除、复制和移动等操作。
2. 能够使用 vim 编辑器实现文件的操作。
3. 能够使用 fdisk、mkfs 等磁盘管理命令对磁盘进行分区和格式化。
4. 能够正确使用文件系统创建命令和挂载命令。

素质目标

1. 培养读者具备数据安全的意识。
2. 培养读者具备提前规划的意识。
3. 培养读者具备严谨、细致的工作态度和职业素养。

任务 2.1　管理文件与目录

任务描述

　　Y 公司的网络管理员小赵听从工程师的建议，开始专心研究 Kylin 操作系统的常用操作，在查找了很多资料后，他决定从管理文件与目录开始学习。

任务要求

　　管理文件与目录所涉及的 Kylin 命令是应用较多的命令。管理文件与目录是 Kylin 操作系统管理中基础的岗位职能，可作为广大初学者的首选学习内容。本任务的具体要求如下所示。

　　（1）在根目录下创建/test、/test/etc、/test/exer/task1、/test/exer/task2 目录，并使用 tree 命令查看/test 目录的结构。

　　（2）复制/etc/目录下名称以字母"a""b""c"开头的所有文件（包括子目录）到/test/etc 目录下，并将当前目录切换到/test/etc 目录下，以相对路径的方式查看/test/etc 目录下的内容。

　　（3）将当前目录切换到/test/exer/task1 目录下，在当前目录下创建 file1.txt 和 file2.txt 空文件，之后在当前目录下将 file2.txt 文件重命名为 file4.txt，使用相对路径的方式将/test/etc/bashrc 文件复制为/test/exer/task1/file3.txt 文件，并查看当前目录下的文件。

　　（4）以绝对路径的方式删除/test/etc 目录下名称以"cron"开头的所有文件（包括子目录），并将/test/etc 目录下名称以"ch"开头的所有文件（包括子目录）移动到/test/exer/task2 目录下。

　　（5）查看/test/etc 目录下名称以"al"开头的文件的文件类型。

（6）将当前目录切换到/test/exer/task1 目录下，使用相对路径的方式为 file1.txt 文件创建硬链接文件 file5.txt，为 file3 文件创建软链接文件 file6.txt，并将链接文件存放到/test/exer/task2 目录下，查看两个目录下的文件列表。

（7）使用 echo 命令创建/var/info1 文件，文件内容如下所示。

```
Banana
Orange
Apple
```

（8）统计/etc/sysctl.conf 文件中的字节数、字数、行数，并将统计结果输出到/var/info2 文件中。

（9）查看/var/info1 文件前两行的内容，并将输出结果存放到/var/info3 文件中。

（10）查询/etc 目录下名称以"c"开头、以"conf"结尾，并且大于 5 KB 的文件，并将查询结果存放到/var/info4 文件中。

（11）输入/var/info1 文件的后两行内容，并将输出结果存放到/var/info5 文件中。

（12）输出/var/info1 文件中不包括 pp 字符串的行，并输出行号，将输出结果存放到/var/info6 文件中。

1. 认识文件系统

Kylin 操作系统通过分配文件块的方式把文件存储在存储设备中，而分配信息本身也存在于磁盘中。不同的文件系统使用不同的方法分配和读取文件块；不同的操作系统使用不同类型的文件系统。为了与其他操作系统兼容并进行数据交互，每个操作系统都支持多种类型的文件系统，如 Windows 操作系统支持 FAT、NTFS 等文件系统；Kylin 操作系统中用于存储数据的磁盘分区通常支持 Ext3、Ext4、XFS 等文件系统，而用于实现虚拟存储的 SWAP 分区支持 SWAP 等文件系统。

Kylin 操作系统中常见的文件系统及其功能如表 2.1.1 所示。

表 2.1.1　Kylin 操作系统中常见的文件系统及其功能

文 件 系 统	功　　能
Ext	延伸文件系统（Extended File System，简写为 Ext 或 Ext1），又称扩展文件系统，最大可支持 2 GB 的文件系统，目前已不再使用
Ext2	Ext 的升级版本，最大可支持 2 TB 的文件系统，到核心 2.6 版本时，可支持最大 32 TB 的分区
Ext3	Ext2 的升级版本，完全兼容 Ext2，是一个日志文件系统，非常稳定可靠

文 件 系 统	功　　能
Ext4	Ext3 的改进版本，引入了众多高级功能，提供了更高的性能和可靠性，带来了颠覆性的变化，如更大的文件系统和更大的文件、多块分配、延迟分配、快速 FSCK、日志校验、无日志模式、在线碎片整理、inode 增强、默认启用 Barrier、纳秒级时间戳等。Ext4 支持最大 1 EB 的文件系统和 16 TB 的文件、无限数量的子目录
SWAP	用于 Kylin 操作系统的交换分区。交换分区的大小一般为系统物理内存的两倍，类似于 Windows 操作系统的虚拟内存功能
XFS	Kylin 操作系统的默认文件系统，是一种高性能的日志文件系统，用于大容量磁盘（可支持高达 18 EB 的存储容量）和巨型文件处理，几乎具有 Ext4 的所有功能，伸缩性强，性能优异
ISO 9660	光盘的标准文件系统，支持对光盘的读/写和刻录等
proc	一个伪文件系统，它只存在于内存中，而不占用外存空间。在运行时访问内核的内部数据结构，改变内核设置的机制

2．Kylin 文件系统的层次结构

读者可以回想一下在 Windows 操作系统中管理文件的方式。一般来说，人们会把文件和目录按照不同的用途存放在 C 盘、D 盘等以不同盘符表示的分区中。而在 Kylin 文件系统中，所有的文件和目录都存放在一个被称为"根目录"的节点（用"/"表示）中。在根目录下可以创建子目录和文件，在子目录下还可以继续创建子目录和文件。所有目录和文件形成一棵以根目录为根节点的倒置目录树，该目录树的每个节点都代表一个目录或文件。Kylin 文件系统的层次结构如图 2.1.1 所示。

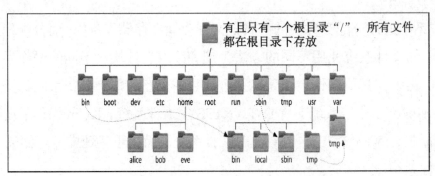

图 2.1.1　Kylin 文件系统的层次结构

Kylin 操作系统的目录使用树形结构管理，并且系统默认自带的目录都有特定的内容，有些目录很重要，在操作时注意不要失误。Kylin 操作系统自带的目录及其功能如表 2.1.2 所示。

表 2.1.2　Kylin 操作系统自带的目录及其功能

目　　录	功　　能
/	根目录，所有 Kylin 操作系统的文件和目录所在的地方
/bin	bin 是 binary 的缩写，用于存放经常使用的命令

目　　录	功　　能
/boot	用于存放内核及加载内核所需的文件
/dev	dev 是 device（设备）的缩写，在 Kylin 操作系统下，外部设备是以文件的形式存在的，如磁盘、Modem 等
/etc	用于存放启动文件及配置文件
/home	用户的主目录，每个用户都有一个自己的目录，目录名与账户名相同
/lib	C 编译器的库和部分 C 编译器
/lost+found	一般情况下是空的，当系统非正常关机后，该目录会产生一些文件
/media	通常用来挂载分区，如双系统下的 Windows 分区、U 盘、CD/DVD 等会自动挂载并在该目录下自动生成一个目录
/misc	用于存放杂项文件或目录，如一些用途或含义不明确的文件或目录。该目录默认为空
/mnt	与/media 目录功能相同，提供存储介质的临时挂载点，如光驱、U 盘等
/net	伪文件系统，存放网卡信息
/opt	主要用于存放第三方软件及自己编译的软件包，特别是测试版的软件。安装到该目录下的程序，其所有的数据、库文件等都存放在同一目录下，可以随时删除，不影响系统的使用
/proc	虚拟文件系统，如系统内核、进程、外部设备及网络状态等
/root	管理员的主目录
/sbin	用于存放基本的系统命令，如引导、修复或恢复系统的命令
/selinux	SELinux 相关文件，当 SELinux 被禁用时，该目录为空
/srv	一些服务启动之后，这些服务所需要访问的数据目录
/sys	映射内核的一些信息，可供应用程序使用
/tmp	临时文件夹，即系统临时目录
/usr	用于存放与用户相关的应用程序和库文件，用户自行安装的软件一般存放在该目录下
/var	用于存放不断扩充、变化的内容，包括各种日志文件、E-mail、网站等

在 Kylin 操作系统中，根目录中的 4 个较旧的目录目前与它们在/usr 目录中对应的目录拥有完全相同的内容，是/usr 目录中对应目录的符号链接，如下所示。

- /bin 和/usr/bin。
- /sbin 和/usr/sbin。
- /lib 和/usr/lib。
- /lib64 和/usr/lib64。

3．文件名和文件类型

1）文件名

文件名是文件的标识符，Kylin 中的文件名遵循以下约定。

（1）文件名可以使用英文字母、数字及一些特殊字符，但是不能包含如下表示路径或在 Shell 中有含义的字符。

```
/ ! # * & ? \ , ; <> [] {} ( ) ^ @ % | " ' `
```

（2）目录名或文件名是严格区分大小写的，如"A.txt""a.txt""A.TXT"是 3 个不同的文件，但不建议使用字符大小写来区分不同的文件或目录。

（3）当文件名以句点"."开始时，说明该文件为隐藏文件，通常不显示，在使用 ls 命令时，配合使用-a 选项才可以看到。

（4）目录名或文件名的长度不能超过 255 个字符。

（5）文件的扩展名对 Kylin 操作系统没有特殊的含义，这与 Windows 操作系统不一样。

2）文件类型

在 Windows 操作系统中，文件类型通常由扩展名决定，而在 Kylin 操作系统中，扩展名的作用没有如此强大。当然，在 Kylin 操作系统中，文件的扩展名也遵循一些约定，如压缩文件一般用".zip"作为扩展名，RPM 软件包一般用".rpm"作为扩展名，TAR 归档包一般用".tar"作为扩展名，GZIP 压缩文件一般用".gz"作为扩展名等。

在 Kylin 操作系统中，所有的目录和设备都是以文件的形式存在的。常见的 Kylin 文件类型包括普通文件、目录文件、设备文件、管道文件、链接文件和套接字文件。

（1）普通文件。在使用 ls -l 命令查看某个文件的属性时，可以看到类似"-rw-r--r--"的属性符号。文件属性符号的第 1 个字符"-"表示文件类型为普通文件。普通文件一般是用一些相关的应用程序创建的。使用 ls 命令可以查看/root 目录下的文件。查看普通文件属性的命令如例 2.1.1 所示。

例 2.1.1：查看普通文件属性的命令

```
[root@kylin ~]# ls -l /root
-rw------- 1 root root 2601 10 月 17 17:36 anaconda-ks.cfg
-rw-r--r-- 1 root root 3116 10 月 17 17:42 initial-setup-ks.cfg
//两个文件属性的第 1 个字符均是"-"，表示该文件是普通文件
```

（2）目录文件。如果看到某个文件属性符号的第 1 个字符是"d"，该文件在 Kylin 操作系统中就是目录文件。使用 ls 命令可以查看/home 目录下的文件。查看目录文件属性的命令如例 2.1.2 所示。

例 2.1.2：查看目录文件属性的命令

```
[root@kylin ~]# ls -l /home
drwx------ 3 admin admin 78 10 月 17 17:42 admin
//第 1 个字符"d"表示 admin 是一个目录文件
```

（3）设备文件。Kylin 操作系统下的/dev 目录下有大量的设备文件，主要是块设备文件和字符设备文件。

　　块设备文件的主要特点是可以随机读写，而最常见的块设备就是磁盘。使用 ls 命令可以查看块设备文件。查看块设备文件属性的命令如例 2.1.3 所示。

　　例 2.1.3：查看块设备文件属性的命令

```
[root@kylin ~]#ls -l /dev/|grep sd
brw-rw---- 1 root disk     8,   0 10月 17 05:46 sda
brw-rw---- 1 root disk     8,   1 10月 17 05:46 sda1
brw-rw---- 1 root disk     8,   2 10月 17 05:46 sda2
//sda、sda1 等均表示磁盘或磁盘中的分区，其属性的第一个字符为"b"，这里的"b"表示文件
类型为块设备文件
```

　　常见的字符设备文件是打印机和终端，可以接收字符流。/dev/null 是一个非常有用的字符设备文件，被送入这个设备文件的所有内容均会被忽略。使用 ls 命令可以查看字符设备文件。查看字符设备文件属性的命令如例 2.1.4 所示。

　　例 2.1.4：查看字符设备文件属性的命令

```
[root@kylin ~]# ls -l /dev/|grep null
crw-rw-rw- 1 root root     1,   3 10月 17 17:41 null
//可以看出其属性符号的第 1 个字符为"c"，这里的"c"表示文件类型为字符设备文件
```

　　（4）管道文件。管道文件有时也称为 FIFO 文件，其文件属性符号的第 1 个字符为"p"。在/run/systemd/sessions 目录下可以查看管道文件，查看管道文件属性的命令如例 2.1.5 所示。

　　例 2.1.5：查看管道文件属性的命令

```
[root@kylin ~]# ls -l /run/systemd/sessions/|grep p
prw------- 1 root root  0 10月 17 17:42 2.ref
prw------- 1 root root  0 10月 17 17:55 4.ref
prw------- 1 root root  0 10月 17 17:42 c1.ref
```

　　（5）链接文件。链接文件有两种类型，即软链接文件和硬链接文件（硬链接生成的是普通文件）。其中，软链接文件又称符号链接文件，这个文件包含了另一个文件的路径名，可以是任意文件或目录，可以链接不同文件系统的文件。软链接文件属性符号的第 1 个字符为"l"。查看链接文件属性的命令如例 2.1.6 所示。

　　例 2.1.6：查看链接文件属性的命令

```
[root@kylin ~]# ls -lh /etc/|grep rc.d
lrwxrwxrwx 1 root root     11 3月  6  2021 init.d -> rc.d/init.d
lrwxrwxrwx 1 root root     10 3月  6  2021 rc0.d -> rc.d/rc0.d
lrwxrwxrwx 1 root root     10 3月  6  2021 rc1.d -> rc.d/rc1.d
lrwxrwxrwx 1 root root     10 3月  6  2021 rc2.d -> rc.d/rc2.d
lrwxrwxrwx 1 root root     10 3月  6  2021 rc3.d -> rc.d/rc3.d
```

```
lrwxrwxrwx  1 root root     10 3月  6  2021 rc4.d -> rc.d/rc4.d
lrwxrwxrwx  1 root root     10 3月  6  2021 rc5.d -> rc.d/rc5.d
lrwxrwxrwx  1 root root     10 3月  6  2021 rc6.d -> rc.d/rc6.d
drwxr-xr-x 10 root root    127 3月 30  2022 rc.d
lrwxrwxrwx  1 root root     13 4月 20  2022 rc.local -> rc.d/rc.local
```

可以看到，/etc 目录下存在 rc0.d 及 rc1.d 等文件，它们均是来源于/etc/rc.d 子目录下相应文件的软链接文件。关于链接文件的具体实现将在后面的项目中介绍。

（6）套接字文件。使用套接字文件可以实现网络通信。套接字文件属性符号的第 1 个字符是 "s"，/run/systemd/coredump 文件就是套接字文件。查看套接字文件属性的命令如例 2.1.7 所示。

例 2.1.7：查看套接字文件属性的命令

```
[root@kylin ~]# ls -l /run/systemd/coredump
srw------- 1 root root 0 10月 17 17:41 /run/systemd/coredump
```

4．路径

在操作文件或目录时，一般应指定路径，否则会默认对当前的目录进行操作。路径一般分为绝对路径和相对路径。

1）绝对路径

绝对路径是指从根目录 "/" 开始到指定文件或目录的路径，其特点是总是从根目录 "/" 开始，通过 "/" 来分隔目录名。

2）相对路径

相对路径是指从当前目录出发，到达指定文件或目录的路径（当前目录一般不会出现在路径中）。还可以配合特殊目录 "." 和 ".." 来灵活地切换路径，或者选择指定目录和文件。

绝对路径和相对路径的具体形式如例 2.1.8 所示。

例 2.1.8：绝对路径和相对路径的具体形式

若当前目录是 gss，要操作 mech.d 目录，则可以用绝对路径表示为 "/etc/gss/mech.d"，用相对路径表示为 "mech.d" 或 "./mech.d"；若当前目录是 acpi，要操作 actions 目录，则可以用绝对路径表示为 "/etc/acpi/actions"，用相对路径表示为 "../acpi/actions"，即 ".." 表示 acpi 目录的 etc 父目录。

```
[root@kylin etc]# tree gss
gss
└── mech.d
    └── gssproxy.conf
```

相对路径和绝对路径是等效的，它们各有优缺点，绝对路径固定、唯一、容易理解，但是在路径太长的情况下就显得烦琐；相对路径可以使路径变得简短，但是容易出错。读者可以根据实际情况灵活运用。

5. Kylin 命令结构

Kylin 操作系统中所有的管理操作都可以通过命令行来完成，因此要成为一名合格的 Kylin 操作系统管理员，学会用命令行来管理系统是非常必要的。在学习具体的 Kylin 命令之前，应了解 Kylin 命令的基本结构。Kylin 命令一般由命令名、选项和参数三部分组成，其中选项和参数为可选项，其基本语法格式如下所示。

命令名　[选项]　[参数]

1）命令名

命令名是命令的表示，表示命令的基本功能。在命令提示符后面输入的必须是命令，或者是可执行程序的路径，或者是脚本的路径、名称。

2）选项

选项的作用是修改命令的执行方式及特性。命令只会执行最基本的功能，若要执行更高级、更复杂的功能，则需要为命令提供相应的选项。

3）参数

参数表示命令的作用对象，一般跟在选项后面。参数可以是文件或目录，也可以没有，或者有多个。需要注意的是，有些命令必须使用多个参数才可以正确执行。

6. 使用命令操作的一般规律

（1）命令名、选项和参数等严格区分英文字母大小写，且命令名始终在最前面。

（2）命令名、选项和参数之间必须用空格分隔。

（3）可以同时使用多个选项，且选项有长选项和短选项之分。

① 短选项：通常用一个短线"-"和一个字母来引导。如果需要在命令中加入多个短选项，那么可以用一个短线"-"把多个选项组合在一起来引导。在组合引导时，选项与选项之间无须分隔。也可以对每个短选项都单独用一个短线"-"引导，但选项与选项之间需要用空格分隔。

② 长选项：通常用两个短线"--"和单词格式的选项来引导。长选项通常不能组合引导，必须分开引导。

（4）在同时使用多个参数时，各个参数之间必须用空格分隔。

（5）可以使用符号"\"来转义回车符，以实现一条命令跨越多行的情况。

（6）可以使用 Tab 键来自动补全命令，若给定的字符串只有一条唯一对应的命令，则直接补全；若按两次 Tab 键，则会将所有以当前已输入的字符串开头的命令显示在列表中。Kylin 命令行窗口的"自动补全"功能如例 2.1.9 所示。

例 2.1.9：Kylin 命令行窗口的"自动补全"功能

```
[root@kylin ~]#rm                    //输入 rm 后按两次 Tab 键
rm rmcp_ping  rmdir      rmid    rmiregistry       rmmod  rmt
[root@kylin ~]#rmdir                 //输入 rmdi 后按 Tab 键，可自动补全 rmdir 命令
```

7. 文件和目录浏览类命令

1）pwd 命令

pwd 命令用于显示当前工作目录的完整路径。pwd 命令的用法比较简单，在默认情况下不带任何参数，执行该命令即可显示当前工作目录，如例 2.1.10 所示。

例 2.1.10：pwd 命令的基本用法

```
[root@kylin ~]#pwd
/root
```

用户通过文本界面登录系统后，默认的工作目录是登录用户的主目录。例 2.1.10 显示，root 用户登录系统后的工作目录是/root。

2）cd 命令

用户登录时的默认工作目录是自己的主目录（root 的主目录为/root，普通用户的主目录为/home/用户名目录）。如果需要切换工作目录，则可以使用 cd 命令实现，其基本语法格式如下所示。

```
cd [目录路径]
```

cd 命令的常用选项及其功能如表 2.1.3 所示。

表 2.1.3　cd 命令的常用选项及其功能

选　　项	功　　能
.	留在当前目录
..	跳转至当前目录的上一级目录
-	跳转至上次所在的目录
~	跳转至当前登录用户的主目录
~用户名	跳转至指定用户的主目录

cd 命令的基本用法如例 2.1.11 所示。

例 2.1.11：cd 命令的基本用法

```
[root@kylin ~]#pwd
/root
[root@kylin ~]#cd .               //进入当前目录，实际工作目录并未改变
[root@kylin ~]#pwd
/root
[root@kylin ~]#cd ..              //进入上一级目录
[root@kylin /]#pwd
/
[root@kylin ~]#cd ~              //进入当前登录用户的主目录
[root@kylin ~]#cd /etc/tuned    //改变目录至绝对路径/etc/tuned 下
[root@kylin tuned]#pwd
/etc/tuned
[root@kylin ~]#cd ~root         //进入 root 用户的主目录
[root@kylin ~]#pwd
/root
```

3）ls 命令

ls 命令主要用于列出指定目录下的内容，若未指定目录，则列出当前目录下的内容。ls 命令的基本语法格式如下所示。

```
ls [选项] [目录名]
```

若使用参数"目录名"，则表示查看指定目录下的具体内容；若省略该参数，则表示查看当前目录下的内容。ls 命令有许多选项，使用 ls 命令的显示结果形式多样。ls 命令的常用选项及其功能如表 2.1.4 所示。

表 2.1.4　ls 命令的常用选项及其功能

选　项	功　能
-a	显示所有文件，包括隐藏文件，如"."".."
-d	仅可以查看目录的属性参数及信息，无法查看它们的内容
-i	显示文件的 inode 编号
-l	长格式输出，显示文件的详细信息，包含文件属性
-L	递归显示，即列出目录及子目录的所有目录和文件

文件的详细信息包括 7 列，每列的含义如表 2.1.5 所示。

表 2.1.5　文件的详细信息中每列的含义

列　　数	含　　义
第 1 列	文件类型及权限
第 2 列	连接数
第 3 列	文件所有者
第 4 列	文件所属用户组
第 5 列	文件大小，默认以字节为单位
第 6 列	文件最后修改日期
第 7 列	文件名

ls 命令的基本用法如例 2.1.12 所示。

例 2.1.12：ls 命令的基本用法

```
[root@kylin ~]# cd /etc/default/
[root@kylin default]# ls               //列出当前目录下的内容，默认按文件名排序
grub  nss  rmt  useradd
[root@kylin default]# ls -a            //显示所有文件，包括隐藏文件
.  ..  grub  nss  rmt  useradd
[root@kylin default]# ls -l            //长格式输出，显示详细信息
-rw-r--r-- 1 root root       310   10月 20   06:26  grub
-rw-r--r-- 1 root root      1756    9月 19   2019  nss
-rw-r--r-- 1 root root      1505    3月  6   2021  rmt
-rw-r--r-- 1 root root       111    1月 16   2020  useradd
[root@kylin default]#ls -ld grub       //显示目录本身的详细信息
-rw-r--r-- 1 root root       310   10月 20   06:26  grub
```

小提示

在 Kylin 操作系统下，定义了 ls -l 的别名，可以将其写作"ll"。例如，[root@localhost ~]#ll /etc/httpd 等同于[root@kylin ~]#ls -l /etc/httpd。

4）用于查看文件内容的 cat、more、less、head、tail 命令

（1）cat 命令。

cat 命令用于滚动显示文件内容，或者将几个文件合并为一个文件。cat 命令的基本语法格式如下所示。

```
cat [选项] 文件列表
```

cat 命令的常用选项及其功能如表 2.1.6 所示。

表 2.1.6　cat 命令的常用选项及其功能

选　　项	功　　能
-b	对文件非空行标记行号
-n	对文件每行标记行号

cat 命令的基本用法如例 2.1.13 所示。

例 2.1.13：cat 命令的基本用法

```
[root@kylin ~]# cd /etc
[root@kylin etc]# cat motd              //显示文件中的内容
                                        //注意，这里是空行
Authorized users only. All activities may be monitored and reported.
[root@kylin etc]# cat -b motd           //只显示文件中非空行的行号
//注意，这里是空行
Authorized users only. All activities may be monitored and reported.
[root@kylin etc]# cat -n motd           //显示文件中所有行的行号
     1
     2  Authorized users only. All activities may be monitored and reported.
```

（2）more 命令（仅向下翻页）。

在使用 cat 命令显示文件内容时，若文件太长，输出的内容不能分页显示，则可以使用 more 命令来分页显示文件内容，即一次显示一页内容。more 命令的基本语法格式如下所示。

```
[root@kylin ~]# more [选项]  文件名
```

在大部分情况下，可以不加任何选项地直接执行 more 命令来查看文件内容。当使用 more 命令打开文件后，可以按 Enter 键向下移动一行，按 F 键或空格键向下翻一页，按 B 键或 Ctrl+B 组合键向上翻半页，按 Q 键退出 more 命令。more 命令经常和管道命令组合使用，即将管道命令的输出作为 more 命令的输入。管道命令将在后面详细介绍。

more 命令的基本用法如例 2.1.14 所示。

例 2.1.14：more 命令的基本用法

```
[root@kylin ~]# more install.log        //分屏查看 install.log 文件的内容
```

（3）less 命令（可向上、向下翻页）。

less 命令的功能比 more 命令的功能更强大，用法也更灵活。less 命令是 more 命令的增强版，more 命令只支持向下翻页，而 less 命令支持向上或向下翻页。当使用 less 命令打开文件后，可以按 B 键向上翻一页，按空格键向下翻一页，按 U 键或 Ctrl+U 组合键向上翻半页，或者按 Q 键退出 less 命令。

（4）head 命令。

head 命令可以方便地实现文件内容的查看，但是在默认情况下，使用 head 命令查看时，只会显示文件的前 10 行内容。head 命令的基本语法格式如下所示。

```
head [选项] 文件列表
```

head 命令的常用选项及其功能如表 2.1.7 所示。

表 2.1.7　head 命令的常用选项及其功能

选　　项	功　　能
-c	显示文件开头的前 n 字节，如"c 6"表示文件内容的前 6 字节
-n	后面接数字，显示文件开头的几行

head 命令的基本用法如例 2.1.15 所示。

例 2.1.15：head 命令的基本用法

```
[root@kylin ~]# cd /etc
[root@kylin etc]# cat vimrc
set nocompatible        " Use vim defaults
set backspace=indent,eol,start  " allow backspacing over autoindent, line
breaks, start of the insert
set ruler       " display current row and column position
set viminfo='20,\"50    " read/write a .viminfo file, don't store more than
50 lines of registers
set history=50  " store 50 lines of command line history
[root@kylin etc]# head -c 6 vimrc           //显示 vimrc 的前 6 字节
set no[root@kylin etc]# head -n 2 vimrc     //显示 vimrc 的前两行内容
set nocompatible        " Use vim defaults
set backspace=indent,eol,start  " allow backspacing over autoindent, line
breaks, start of the insert
```

（5）tail 命令。

与 head 命令的查看效果相反，tail 命令用于查看文件的最后几行内容。在默认情况下，使用 tail 命令查看时，只会显示文件的最后 10 行内容。-c 和-n 选项对 tail 命令也同样适用。tail 命令的基本用法如例 2.1.16 所示。

例 2.1.16：tail 命令的基本用法

```
[root@kylin ~]# cd /etc
[root@kylin etc]# cat vimrc
[root@kylin etc]# tail -c 6 vimrc           //显示 vimrc 的后 6 字节
story
[root@kylin etc]# tail -n 2 vimrc           //显示 vimrc 的后两行内容
```

```
set viminfo='20,\"50     " read/write a .viminfo file, don't store more than
50 lines of registers
set history=50  " store 50 lines of command line history
```

5）wc 命令

wc 命令用于统计指定文件中的行数、单词数和字节数，并输出统计结果。wc 命令的基本语法格式如下所示。

```
wc [选项] 文件列表
```

wc 命令的常用选项及其功能如表 2.1.8 所示。

表 2.1.8　wc 命令的常用选项及其功能

选　　项	功　　能
-c	统计并输出文件字节数
-l	统计并输出文件行数
-L	统计并输出文件最长的行的长度
-w	统计并输出文件单词数

wc 命令的基本用法如例 2.1.17 所示。

例 2.1.17：wc 命令的基本用法

```
[root@kylin ~]# cd /etc
[root@kylin etc]# cat vimrc
[root@kylin etc]# wc vimrc            //输出文件行数、单词数和字节数
 5  53 351 vimrc
```

8. 文件和目录操作类命令

1）touch 命令

touch 命令的基本语法格式如下所示。

```
touch [选项] 文件名
```

touch 命令用于创建一个新文件或修改已有文件。当指定的文件不存在时，会在当前的目录下用指定的文件名创建一个空文件。

touch 命令的常用选项及其功能如表 2.1.9 所示。

表 2.1.9　touch 命令的常用选项及其功能

选　　项	功　　能
-a	把文件的存取时间修改为当前时间
-m	把文件的修改时间修改为当前时间

touch 命令的基本用法如例 2.1.18 所示。

例 2.1.18：touch 命令的基本用法

```
[root@kylin ~]# touch file1 file2        //在当前目录下创建 file1 和 file2 两个文件
[root@kylin ~]# ls -l file1 file2
-rw-r--r-- 1 root root 0 10月 20 07:38 file1
-rw-r--r-- 1 root root 0 10月 20 07:38 file2
```

2）mkdir 命令

mkdir 命令用于创建一个目录，其基本语法格式如下所示。

```
mkdir [选项] 目录名
```

mkdir 命令的常用选项及其功能如表 2.1.10 所示。

表 2.1.10　mkdir 命令的常用选项及其功能

选　　项	功　　能
-p	在创建目录时，递归创建，如果目录不存在，将与子目录一起创建
-m	为新建的目录指定权限，默认权限是 drwxr-xr-x

mkdir 命令的基本用法如例 2.1.19 所示。

例 2.1.19：mkdir 命令的基本用法

```
[root@kylin ~]# mkdir test1                         //创建 test1 目录
[root@kylin ~]# mkdir -p test2/share                //带-p 选项创建两级目录
[root@kylin ~]# ls -l
-rw------- 1 root root 2597 10月 20 06:27 anaconda-ks.cfg
-rw-r--r-- 1 root root    0 10月 20 07:38 file1
-rw-r--r-- 1 root root    0 10月 20 07:38 file2
-rw-r--r-- 1 root root 2948 10月 20 06:29 initial-setup-ks.cfg
drwxr-xr-x 2 root root    6 10月 20 07:39 test1
drwxr-xr-x 3 root root   19 10月 20 07:39 test2        //test2 目录被自动创建
[root@kylin ~]# ls -l test2
drwxr-xr-x 2 root root 6 10月 20 07:39 share
```

3）cp 命令

cp 命令主要用于复制文件或目录，其基本语法格式如下所示。

```
cp [选项] 源文件或源目录   目标文件或目标目录
```

cp 命令的功能非常强大，选项也很多，除单纯地复制文件或目录外，还可以在复制整个目录时对文件进行改名等操作。cp 命令的常用选项及其功能如表 2.1.11 所示。

表 2.1.11　cp 命令的常用选项及其功能

选　项	功　能
-i	若目标文件或目标目录已经存在，则提示是否覆盖已有的目标文件
-s	只创建源文件的软链接文件而不是复制源文件
-p	保留源文件或源目录的属性，包括所有者、属组、权限和时间信息
-r	递归复制目录，将指定目录下的文件与子目录的所有内容复制
-a	复制时尽可能保留源文件或源目录的所有属性，包括权限、所有者和时间信息等

该命令的选项解析如下。

（1）若目标文件不存在，则复制源文件为目标文件。

（2）若目标文件存在且目标文件是文件，则将目标文件覆盖；若目标文件是目录，则将源文件复制到目标目录中，并保持原名不变。

（3）若源文件不止一个，则目标文件必须是目录。

（4）若源文件是目录，则可以根据需求使用-p、-a、-r 选项中的任何一个完成复制操作。

cp 命令的基本用法如例 2.1.20 所示。

例 2.1.20：cp 命令的基本用法

```
[root@kylin ~]# cp file1 file2 test1 //将 file1 和 file2 文件复制到 test1 目录下
[root@kylin ~]# ls -l test1
-rw-r--r-- 1 root root 0 10月 20 07:45 file1
-rw-r--r-- 1 root root 0 10月 20 07:45 file2
[root@kylin ~]# cp file1 file3          //在当前目录下将 file1 文件复制为 file3 文件
[root@kylin ~]# cp -r test1 test3
[root@kylin ~]# ls -l
-rw------- 1 root root 2597 10月 20 06:27 anaconda-ks.cfg
-rw-r--r-- 1 root root    0 10月 20 07:38 file1
-rw-r--r-- 1 root root    0 10月 20 07:38 file2
-rw-r--r-- 1 root root    0 10月 20 07:45 file3
-rw-r--r-- 1 root root 2948 10月 20 06:29 initial-setup-ks.cfg
drwxr-xr-x 2 root root   32 10月 20 07:45 test1
drwxr-xr-x 3 root root   19 10月 20 07:39 test2
drwxr-xr-x 2 root root   32 10月 20 07:45 test3          //目标目录 test3 被创建
[root@kylin ~]# ls -l test1 test3
test1:
-rw-r--r-- 1 root root 0 10月 20 07:45 file1
-rw-r--r-- 1 root root 0 10月 20 07:45 file2

test3:
```

```
-rw-r--r-- 1 root root 0  10月 20 07:45 file1
-rw-r--r-- 1 root root 0  10月 20 07:45 file2           //将源目录内容同时复制
[root@kylin ~]# cp -r test1 test3
[root@kylin ~]# ls -l test3
-rw-r--r-- 1 root root  0  10月 20 07:45 file1
-rw-r--r-- 1 root root  0  10月 20 07:45 file2
drwxr-xr-x 2 root root 32 10月 20 07:48 test1
```

4）mv 命令

mv 命令用于对文件或目录进行移动或重命名。mv 命令的基本语法格式如下所示。

mv［选项］源文件或源目录 目标文件或目标目录

mv 命令的常用选项及其功能如表 2.1.12 所示。

表 2.1.12　mv 命令的常用选项及其功能

选　　项	功　　能
-f	强制覆盖目标文件且不给用户提示
-i	覆盖目标文件前会提示用户（默认选项）
-v	显示命令的执行过程

该命令的选项解析如下。

（1）若目标文件和源文件同名，则源文件会覆盖目标文件。

（2）若使用-i 选项，则覆盖目标文件前会有提示。

（3）若源文件和目标文件在相同目录下，则相当于对源文件重命名。

（4）若源目录和目标目录都已存在，则会将源目录及其所有内容移动到目标目录下。

mv 命令的基本用法如例 2.1.21 所示。

例 2.1.21：mv 命令的基本用法

```
[root@kylin ~]# mv -i file1 test1           //将 file1 文件移动到 test1 目录下
mv: 是否覆盖"test1/file1"？ y               //使用-i 选项，覆盖目标文件前会提示用户
[root@kylin ~]# mv file2 test2              //将 file2 文件移动到 test2 目录下
[root@kylin ~]# mv file3 file4             //将 file3 文件重命名为 file4
[root@kylin ~]# ls -l
-rw------- 1 root root 2597 10月 20 06:27 anaconda-ks.cfg
-rw-r--r-- 1 root root    0 10月 20 07:45 file4
-rw-r--r-- 1 root root 2948 10月 20 06:29 initial-setup-ks.cfg
drwxr-xr-x 2 root root   32 10月 20 07:56 test1
drwxr-xr-x 3 root root   32 10月 20 07:57 test2
drwxr-xr-x 3 root root   45 10月 20 07:48 test3
[root@kylin ~]# mv test1 test2              //将 test1 目录移动到 test2 目录下
```

```
[root@kylin ~]# ls -l test2
-rw-r--r-- 1 root root    0 10月 20 07:38 file2
drwxr-xr-x 2 root root    6 10月 20 07:39 share
drwxr-xr-x 2 root root   32 10月 20 07:56 test1
```

5）rmdir 命令

rmdir 命令用于删除空目录。在使用 rmdir 命令删除目录前，该目录必须是空的，否则 rmdir 命令会报错。用户在删除某目录时，需要具有对其父目录的写权限。rmdir 命令的基本语法格式如下所示。

```
rmdir  目录名
```

rmdir 命令的常用选项及其功能如表 2.1.13 所示。

表 2.1.13　rmdir 命令的常用选项及其功能

选　　项	功　　能
-p	递归删除目录，且强制删除，在删除文件或目录时不提示用户（使用-p 选项时一定要谨慎）
-v	显示命令的执行过程

rmdir 命令的基本用法如例 2.1.22 所示。

例 2.1.22：rmdir 命令的基本用法

```
[root@kylin ~]# cd test2
[root@kylin test2]# ls -l
-rw-r--r-- 1 root root  0 10月 20 07:38 file2
drwxr-xr-x 2 root root  6 10月 20 07:39 share
drwxr-xr-x 2 root root 32 10月 20 07:56 test1
[root@kylin test2]# rmdir share                //share 目录是空的
[root@kylin test2]# rmdir test1                //test1 目录下有文件
rmdir: 删除 "test1" 失败：目录非空
```

6）rm 命令

rm 命令用于永久性地删除文件或目录。rm 命令的基本语法格式如下所示。

```
rm  [选项] 文件或目录
```

rm 命令的常用选项及其功能如表 2.1.14 所示。

表 2.1.14　rm 命令的常用选项及其功能

选　　项	功　　能
-f	强制删除，在删除文件或目录时不提示用户（使用-f 选项时一定要谨慎）
-i	和-f 选项的功能相反，在删除文件和目录前会询问用户是否确认执行该操作

选　项	功　能
-r	递归删除目录及其中的所有文件和子目录
-v	显示命令的执行过程

rm 命令的基本用法如例 2.1.23 所示。

例 2.1.23：rm 命令的基本用法

```
[root@kylin ~]# cd test3
[root@kylin test3]# ls                    //查看当前目录下是否有 file1、file2 文件
file1  file2  test1
[root@kylin test3]# rm -i file1           //删除 file1 文件
rm: 是否删除普通空文件 "file1"? y          //使用-i 选项时会有提示
[root@kylin test3]# rm -f file2           //使用-f 选项时没有提示
[root@kylin test3]# ls
test1
[root@kylin test3]# rm test1
rm: 无法删除"test1"：是一个目录           //使用 rm 命令不能直接删除目录
[root@kylin test3]# rm -ir test1
rm: 是否进入目录"test1"? y                //每删除一个文件前都会有提示
rm: 是否删除普通空文件 "test1/file1"? y
rm: 是否删除普通空文件 "test1/file2"? y
rm: 是否删除目录 "test1"? y               //删除目录自身前也会有提示
[root@kylin test3]# ls                    //查询是否删除成功
[root@kylin test3]#
```

9. 重定向与管道命令

在 Kylin 操作系统中，标准的输入设备默认指的是键盘，标准的输出设备默认指的是显示器。但是，Kylin 操作系统提供了一种特殊的操作，可以改变命令的默认输入或输出目标，称为重定向。重定向分为输入重定向、输出重定向和错误重定向。这里只介绍输入重定向和输出重定向。

1）输入重定向

有些命令需要用户通过键盘来输入数据，但有时用户手动输入数据会显得非常麻烦，这时，可以使用重定向符 "<" 实现输入源的重定向。

输入重定向指的是把命令或可执行程序的标准输入重定向到指定的文件中，也就是说，把通过键盘输入的数据改为从文件中读取。输入重定向的基本用法如例 2.1.24 所示。

例 2.1.24：输入重定向的基本用法

```
[root@kylin ~]# cat < /etc/filesystems    //查看/etc/filesystems文件中的内容
xfs
ext4
ext3
ext2
nodev proc
nodev devpts
iso9660
vfat
hfs
hfsplus
*
```

2）输出重定向

输出重定向指的是把一个命令的标准输出重定向到一个文件中，而不是显示在屏幕上。在很多情况下都可以使用这个功能，例如，当某个命令输出较多内容时，在屏幕上不能完全显示，则可以把它重定向到一个文件中，再用文本编辑器打开这个文件。

Kylin 操作系统主要提供了两个重定向符来实现输出重定向，分别是 ">" 和 ">>"。这两个重定向符的区别在于在目标文件已经存在的情况下，">" 会用新的内容覆盖目标文件的内容，而 ">>" 则会将新的内容追加到目标文件内容的后面，不清除原来的内容。输出重定向的基本用法如例 2.1.25 所示。

例 2.1.25：输出重定向的基本用法

```
[root@kylin ~]# ls
anaconda-ks.cfg    file4    initial-setup-ks.cfg
ls.result    test2    test3
[root@kylin ~]# pwd
/root
[root@kylin ~]# ls /root > dir        //把/root目录下的文件重定向到dir文件中
[root@kylin ~]# cat dir               //查看dir文件的内容
anaconda-ks.cfg
file4
initial-setup-ks.cfg
ls.result
test2
test3
[root@kylin ~]# ls /home
```

```
admin
[root@kylin ~]# ls /home >> dir         //把/home 目录下的文件追加到 dir 文件中
[root@kylin ~]# cat dir       //查看 dir 文件的内容,发现 admin 已经被追加到 dir 文件中
anaconda-ks.cfg
file4
initial-setup-ks.cfg
ls.result
test2
test3
admin
```

3）管道命令

简单来说，使用管道命令可以让前一条命令的输出成为后一条命令的输入。管道命令的基本语法格式如下所示。

```
"命令 1"|"命令 2"
```

管道命令的基本用法如例 2.1.26 所示。

例 2.1.26：管道命令的基本用法

```
[root@kylin ~]# cat anaconda-ks.cfg|wc        //wc 命令把 cat 命令的输出当作输入
    102     272    2597
```

10．其他常用命令

1）find 命令

find 命令是 Kylin 操作系统中强大的搜索命令，它不仅可以按照文件名来搜索文件，还可以按照权限、大小、时间、inode 编号等来搜索文件，或者在某一目录及其所有子目录下按照匹配表达式指定的条件来搜索文件。find 命令的基本语法格式如下所示。

```
find [目录] [匹配表达式]
```

其中，参数"目录"表示查找文件的起点，find 命令会在这个目录及其所有子目录下按照匹配表达式指定的条件进行查找。find 命令的常用选项及其功能如表 2.1.15 所示。

表 2.1.15　find 命令的常用选项及其功能

选　　项	功　　能
-name filename	查找指定名称的文件
-user username	查找属于指定用户的文件
-group groupname	查找属于指定组的文件
-empty	查找空文件或空目录

选　项	功　能
-size [+-]n[bckw]	查找文件大小为 n 块的文件
-type	查找指定类型的文件,文件类型包括:块设备文件(b)、字符设备文件(c)、目录文件(d)、管道文件(p)、普通文件(f)、软链接文件(l)

find 命令的基本用法如例 2.1.27 所示。

例 2.1.27:find 命令的基本用法

```
[root@kylin ~]# find . -name "file4"        //查找文件名为"file4"的文件
./file4
[root@kylin ~]# find . -size 3              //3 个文件块
./.viminfo
[root@kylin ~]# find . -size +1k            //1KB
./anaconda-ks.cfg
./initial-setup-ks.cfg
./.viminfo
```

2)grep 命令

grep 命令是一种强大的文本搜索工具,可以从文件中提取匹配指定表达式的行,默认允许所有人使用。grep 命令的基本语法格式如下所示。

```
grep [选项] 文件
```

grep 命令的常用选项及其功能如表 2.1.16 所示。

表 2.1.16　grep 命令的常用选项及其功能

选　项	功　能
-c	只输出匹配行的数量
-n	显示匹配行及行号
-v	显示不包含匹配文本的所有行
^	匹配正则表达式的开始行
$	匹配正则表达式的结束行
[]	匹配单个字符,如[A],即 A 符合要求
[-]	匹配范围,如[A-Z],即 A 到 Z 都符合要求

grep 命令的基本用法如例 2.1.28 所示。

例 2.1.28:grep 命令的基本用法

```
[root@kylin ~]# grep swap /etc/fstab        //提取内容为 swap 的行
/dev/mapper/klas-swap    none                swap     defaults     0 0
```

```
[root@kylin ~]#grep -n root /etc/fstab          //提取包含 root 的行
12:/dev/mapper/klas-root   /              xfs     defaults      0 0
```

3）ln 命令

ln 命令用于链接文件或目录。链接文件有两种，即前文说过的软链接文件和硬链接文件。

软链接文件又叫符号链接文件。在对软链接文件进行读/写操作时，系统会自动把该操作转换为对源文件的操作，但是在删除软链接文件时，系统仅删除软链接文件，而不删除源文件，这种形式类似于 Windows 操作系统中的快捷方式。

硬链接文件表示两个文件指向磁盘上的同一块存储空间，且对任何一个文件的修改将影响到另一个文件。硬链接文件是已经存在的另一个文件，在对硬链接文件进行读/写和删除操作时，结果和软链接文件相同，但是在删除硬链接文件的源文件时，硬链接文件依然存在，而且保留了原有的内容。ln 命令的基本语法格式如下所示。

```
ln [选项] 源文件或源目录 链接文件名
```

ln 命令的常用选项及其功能如表 2.1.17 所示。

表 2.1.17　ln 命令的常用选项及其功能

选　　项	功　　能
-s	对源文件创建软链接文件，而非硬链接文件

ln 命令的基本用法如例 2.1.29 所示。

例 2.1.29：ln 命令的基本用法

```
[root@kylin ~]# ln -s file1 file2
//对 file1 文件创建名称为 file2 的软链接文件，如果不添加任何选项，则表示默认创建的是硬链
//接文件
```

小提示

只能对文件创建硬链接文件，不能对目录创建硬链接文件。

4）shutdown 命令

shutdown 命令用于在指定时间关闭系统。所有的登录用户都会收到关机提示信息，以便及时保存正在进行的工作。shutdown 命令的基本语法格式如下所示。

```
shutdown [选项] 时间 [关机提示信息]
```

在使用 shutdown 命令时，可以指定立即关机，也可以指定在特定的时间点或者延迟特定的时间关机。shutdown 命令的常用选项及其功能如表 2.1.18 所示。

表 2.1.18　shutdown 命令的常用选项及其功能

选　项	功　能
-h	关闭系统
-r	重启系统
-c	取消运行中的 shutdown 命令

其中，参数"时间"可以指定"hh:mm"格式的绝对时间，"hh"表示小时，"mm"表示分钟，即"hh:mm"表示在特定的时间点执行相应操作；也可以采用"+m"格式，表示 m 分钟后执行相应操作。shutdown 命令的基本用法如例 2.1.30 所示。

例 2.1.30：shutdown 命令的基本用法

```
[root@kylin ~]# shutdown  -h  now          //现在关闭系统
[root@kylin ~]# shutdown  -h  23:00         //在 23:00 关闭系统
[root@kylin ~]# shutdown  -r  +15           //15 分钟后重启系统
```

5）history 命令

若要查看最近执行的命令，则可以使用 history 命令。history 命令的基本语法格式如下所示。

```
history [n][选项]
```

在执行 history 命令时，可以在命令后面添加一个整数来表示希望显示的命令条数，由于每条命令都会有一个序号，因此可以利用序号快速执行历史命令。快速执行历史命令的格式及其功能如表 2.1.19 所示。

表 2.1.19　快速执行历史命令的格式及其功能

格　式	功　能
!n	重新执行第 n 条命令（n 表示序号，在执行 history 命令后会显示）
!!	重新执行上一条命令
!-n	重新执行倒数第 n 条命令
!str	执行最近执行的以 str 开头的历史命令

history 命令的常用选项及其功能如表 2.1.20 所示。

表 2.1.20　history 命令的常用选项及其功能

选　项	功　能
-a	将当前的历史命令记录追加到文件中
-c	清空历史命令列表

history 命令的基本用法如例 2.1.31 所示。

例 2.1.31： history 命令的基本用法

```
[root@kylin ~]# history 4
    7 cd
    8 ls
    9 ip addr
   10 history 4
[root@kylin ~]# !8                          //执行第 8 条命令
anaconda-ks.cfg  initial-setup-ks.cfg
[root@kylin ~]# history -c                   //清空历史命令列表
```

6）echo 命令

echo 命令用于在终端显示文本或变量的内容。echo 命令的基本语法格式如下所示。

```
echo [选项] [字符串/变量]
```

echo 命令的基本用法如例 2.1.32 所示。

例 2.1.32： echo 命令的基本用法

```
[root@kylin ~]# echo "Hello,World!"
Hello,World!
[root@kylin ~]# name="admin"
[root@kylin ~]# echo $name
admin
```

7）clear 命令

clear 命令用于清空当前终端窗口的内容，相当于 DOS 操作系统下的 cls 命令。clear 命令的基本用法如例 2.1.33 所示。

例 2.1.33： clear 命令的基本用法

```
[root@kylin ~]# clear                        //清空终端窗口的内容
```

8）date 命令

date 用于显示或设置当前系统时间。date 命令的基本用法如例 2.1.34 所示。

例 2.1.34： date 命令的基本用法

```
[root@kylin ~]# date
2023 年 10 月 17 日 星期二 21:59:28 CST      //显示当前系统时间,CST 表示中国标准时间
[root@kylin ~]# date -s "2023-10-23 11:30"  //修改当前系统时间
2023 年 10 月 23 日 星期一 11:30:00 CST
[root@kylin ~]# date
2023 年 10 月 23 日 星期一 11:30:05 CST
```

任务实施

（1）在根目录下创建/test、/test/etc、/test/exer/task1、/test/exer/task2 目录，并使用 tree 命令查看/test 目录的结构，实施命令如下所示。

```
[root@kylin ~]# mkdir -p /test/etc /test/exer/task1 /test/exer/task2
[root@kylin ~]# tree /test
/test
├── etc
└── exer
    ├── task1
    └── task2

4 directories, 0 files
```

（2）复制/etc/目录下名称以字母"a""b""c"开头的所有文件（包括子目录）到/test/etc 目录下，并将当前目录切换到/test/etc 目录下，以相对路径的方式查看/test/etc 目录下的内容，实施命令如下所示。

```
[root@kylin ~]# cp -r /etc/[a-c]* /test/etc
[root@kylin ~]# cd /test/etc
[root@kylin etc]# ls
Accountsservice      alternatives      at.deny           bash_completion.d
Bluetooth            centos-release    chrony.keys       containers
cron.hourly          crypto-policies   cups              adjtime
anaconda             audit             bashrc            brlapi.key
chkconfig.d          cifs-utils        cron.d            cron.monthly
crypttab             cupshelpers       aliases           anacrontab
authselect           bindresvport.blacklist             brltty
chromium             cni               cron.daily        crontab
csh.cshrc            alsa              asound.conf       avahi
binfmt.d             brltty.conf       chrony.conf       cockpit
cron.deny            cron.weekly       csh.login
```

（3）将当前目录切换到/test/exer/task1 目录下，在当前目录下创建 file1.txt 和 file2.txt 空文件，之后在当前目录下将 file2.txt 文件重命名为 file4.txt，使用相对路径的方式将/test/etc/bashrc 文件复制为/test/exer/task1/file3.txt 文件，并查看当前目录下的文件，实施命令如下所示。

```
[root@kylin task1]# cd /test/etc
[root@kylin etc]# cd ../exer/task1
[root@kylin task1]# touch file1.txt file2.txt
[root@kylin task1]# mv file2.txt file4.txt
```

```
[root@kylin task1]# cp ../../etc/bashrc file3.txt
[root@kylin task1]# ll
总用量 4
-rw-r--r--. 1 root root    0      7月  31 21:51 file1.txt
-rw-r--r--. 1 root root 3019      7月  31 21:52 file3.txt
-rw-r--r--. 1 root root    0      7月  31 21:51 file4.txt
```

（4）以绝对路径的方式删除/test/etc 目录下名称以"cron"开头的所有文件（包括子目录），并将/test/etc 目录下名称以"ch"开头的所有文件（包括子目录）移动到/test/exer/task2目录下，实施命令如下所示。

```
[root@kylin task1]#rm -rf /test/etc/cron*
[root@kylin task1]#ls /test/etc
Accountsservice  alternatives  at.deny        bash_completion.d
Bluetooth        centos-release chrony.keys    containers
csh.login        adjtime        anaconda       audit           bashrc
brlapi.key       chkconfig.d    cifs-utils     crypto-policies cups
aliases          anacrontab     authselect     bindresvport.blacklist
brltty           chromium       cni            crypttab
cupshelpers      alsa           asound.conf    avahi           binfmt.d
brltty.conf      chrony.conf    cockpit        csh.cshrc
[root@kylin task1]#mv /test/etc/ch* /test/exer/task2
[root@kylin task1]#ll /test/exer/task2
总用量 8
drwxr-xr-x. 2 root root    6 7月  31 06:48 chkconfig.d
drwxr-xr-x. 3 root root   36 7月  31 06:48 chromium
-rw-r--r--. 1 root root 1078 7月  31 06:48 chrony.conf
-rw-r-----. 1 root root  540 7月  31 06:48 chrony.keys
```

（5）查看/test/etc 目录下名称以"al"开头的文件的文件类型，实施命令如下所示。

```
[root@kylin task1]#file /test/etc/al*
/test/etc/aliases:        ASCII text
/test/etc/alsa:           directory
/test/etc/alternatives:   directory
```

（6）将当前目录切换到/test/exer/task1 目录下，使用相对路径的方式为 file1.txt 文件创建硬链接文件 file5.txt，为 file3 文件创建软链接文件 file6.txt，并将链接文件存放到/test/exer/task2目录下，查看两个目录下的文件列表，实施命令如下所示。

```
[root@kylin task1]#cd /test/exer/task1
[root@kylin task1]#pwd
/test/exer/task1
```

```
[root@kylin task1]#ln file1.txt ../task2/file5.txt
[root@kylin task1]#ln -s file3.txt ../task2/file6.txt
[root@kylin task1]#ll -i
总用量 4
35428518 -rw-r--r--. 2 root root    0   7月  31 21:51 file1.txt
35428520 -rw-r--r--. 1 root root 3019   7月  31 21:52 file3.txt
35428519 -rw-r--r--. 1 root root    0   7月  31 21:51 file4.txt
[root@kylin task1]#ll -i ../task2
总用量 8
17508482 drwxr-xr-x. 2 root root    6   7月  31 06:48 chkconfig.d
35428495 drwxr-xr-x. 3 root root   36   7月  31 06:48 chromium
 1642305 -rw-r--r--. 1 root root 1078   7月  31 06:48 chrony.conf
 1642306 -rw-r-----. 1 root root  540   7月  31 06:48 chrony.keys
35428518 -rw-r--r--. 2 root root    0   7月  31 21:51 file5.txt
52987200 lrwxrwxrwx. 1 root root    9   7月  31 22:13 file6.txt->file3.txt
```

（7）使用 echo 命令创建/var/info1 文件，文件内容如下所示。

```
Banana
Orange
Apple
```

实施命令如下所示。

```
[root@kylin ~]#echo Banana>/var/info1
[root@kylin ~]#echo Orange>>/var/info1
[root@kylin ~]#echo Apple>>/var/info1
[root@kylin ~]#cat /var/info1
Banana
Orange
Apple
```

（8）统计/etc/sysctl.conf 文件中的字节数、字数、行数，并将统计结果输出到/var/info2 文件中，实施命令如下所示。

```
[root@kylin ~]#wc /etc/sysctl.conf >/var/info2
[root@kylin ~]#cat /var/info2
 10  72 449 /etc/sysctl.conf
```

（9）查看/var/info1 文件的前两行内容，并将输出结果存放到/var/info3 文件中，实施命令如下所示。

```
[root@kylin ~]#head -2 /var/info1>/var/info3
[root@kylin ~]#cat /var/info3
```

```
Banana
Orange
```

（10）查询/etc 目录下名称以 "c" 开头、以 "conf" 结尾，并且大于 5 KB 的文件，并将查询结果存放到/var/info4 文件中，实施命令如下所示。

```
[root@kylin ~]#find /etc -name "c*.conf" -size +5k>/var/info4
[root@kylin ~]#cat /var/info4
/etc/cups/cups-browsed.conf
/etc/cups/cupsd.conf
```

（11）输入/var/info1 文件的后两行内容，并将输出结果存放到/var/info5 文件中，实施命令如下所示。

```
[root@kylin ~]#tail -2 /var/info1>/var/info5
[root@kylin ~]#cat /var/info5
Orange
Apple
```

（12）输出/var/info1 文件中不包括 pp 字符串的行，并输出行号，将输出结果存放到/var/info6 文件中，实施命令如下所示。

```
[root@kylin ~]#grep -n -v "pp" /var/info1>/var/info6
[root@kylin ~]#cat /var/info6
1:Banana
2:Orange
```

📌 任务小结

（1）Kylin 文件系统使用树形目录结构管理，要求用户掌握每个目录的作用，否则很容易误操作。

（2）Kylin 文件系统的基本运维命令不多，要求用户熟练掌握这些运维命令。

📚 任务 2.2 vim 编辑器

在 Kylin 命令行状态下，经常需要编辑配置文件或者进行 Shell 编程、程序设计等。这些操作都需要使用编辑器，而在 Kylin 命令行状态下有很多不同的编辑器，vim 是其中功能最强大的全屏幕文本编辑器。

任务描述

Y 公司安装了 Kylin 操作系统作为服务器的网络操作系统，现在需要在服务器上进行文件的创建和编辑工作，所以网络管理员小赵开始查找 Kylin 操作系统中的常用命令，在查找了很多资料后，他发现使用 vim 编辑器可以实现文件的创建和编辑工作。

任务要求

网络管理员除了需要使用运维命令完成日常的系统管理工作，还有一项重要的工作是编辑各种系统配置文件，而这项工作需要借助文本编辑器才能完成。这里详细介绍 vim 编辑器的使用。本任务的具体要求如下所示。

（1）在/root 目录下启动 vim 编辑器，vim 后面不加文件名。

（2）进入 vim 编辑模式，输入例 2.2.1 所示的测试文本。

例 2.2.1：测试文本

```
Linux has the characteristics of open source, no copyright and
more users in the technology community.
Open source enables users to cut freely, with high flexibility, powerful
function and low cost.
In particular, the network protocol stack embedded in the system can
realize the function of router after proper configuration.
These characteristics make Linux an ideal platform for developing routing
switching devices.
```

（3）将以上文本保存为 Linux 文件，并退出 vim 编辑器。

（4）重新启动 vim 编辑器，打开 Linux 文件。

（5）显示文件行号。

（6）将光标移动到第 4 行。

（7）在当前行下方插入新行，并输入内容"This is a very good system!"。

（8）将文本中的"Linux"用"Kylin"替换。

（9）将光标移动到第 3 行，并复制第 3～4 行的内容。将光标移动到文件的最后一行，并将复制的内容粘贴在最后一行下方。

（10）保存文件后退出 vim 编辑器。

1. vim 编辑器简介

绝大多数 Kylin 操作系统发行版本都内置了 vi 编辑器，而且有些系统工具会把 vi 编辑器当作默认的文本编辑器。vim 编辑器是增强版的 vi 编辑器，除了具备 vi 编辑器的功能，还可以用不同颜色显示不同类型的文本内容。相比于 vi 编辑器专注于文本编辑，vim 编辑器还可以进行程序编辑，尤其是在编辑 Shell 脚本文件或者使用 C 语言进行编程时，能够高亮显示关键字和语法错误。无论是专业的 Kylin 操作系统管理员，还是普通的 Kylin 操作系统用户，都应该熟练使用 vim 编辑器。vim 编辑器是全屏幕文本编辑器，没有菜单，只有命令。

vim 编辑器不是一个排版程序，不像 Word 或 WPS 那样可以对字体、格式、段落等其他属性进行编排，它只是一个文本编辑程序。它可以执行输出、删除、查找、替换、块操作等众多文本操作，并且用户可以根据自己的需要对其进行定制，这是其他编辑程序所没有的。

2. 启动与退出 vim 编辑器

在终端窗口中输入"vim"，后跟要编辑的文件名，即可进入 vim 编辑器的工作环境。若未指定文件名，则会新建一个未命名的文本文件，但是在退出 vim 编辑器时必须指定文件名；若指定了文件名，则会新建（文件不存在时）或打开同名文件。

```
[root@kylin ~]#vim 文件名
```

3. vim 编辑器的工作模式

vim 编辑器有 3 种基本工作模式，分别是命令模式（一般模式）、编辑模式（插入模式）和末行模式。vim 编辑器的常用模式及其功能如表 2.2.1 所示。

表 2.2.1　vim 编辑器的常用模式及其功能

模　　式	功　　能
命令模式	支持光标移动，文本查找与替换，文本复制、粘贴或删除等操作
编辑模式	在该模式下可输入文本内容，按 Esc 键可返回命令模式
末行模式	支持保存、退出、读取文件等操作

4. vim 编辑器的工作模式转换

vim 编辑器的工作模式转换如图 2.2.1 所示。

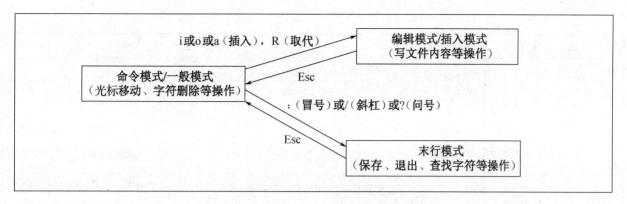

图 2.2.1　vim 编辑器的工作模式转换

5．vim 编辑器的常用按键及命令

1）在命令模式下的按键说明

vim 编辑器在打开文件后，默认会进入命令模式。vim 编辑器在命令模式下的常用按键、类型及其功能如表 2.2.2 所示。

表 2.2.2　vim 编辑器在命令模式下的常用按键、类型及其功能

按　　键	类　　型	功　　能
h/j/k/l	移动	光标向左/下/上/右移动一个字符
Ctrl+f/b		屏幕向下/上移动一页
Ctrl+d/u		屏幕向下/上移动半页
H		光标移动至当前屏幕第一行的行首
M		光标移动至当前屏幕中央一行的行首
L		光标移动至当前屏幕最后一行的行首
G		光标移动至文件最后一行的行首
nG		光标移动至文件第 n 行的行首（其中 n 为数字）
^		光标移动至行首
$		光标移动至行尾
w		光标向右移动一个单词
nw		光标向右移动 n 个单词（其中 n 为数字）
b		光标向左移动一个单词
nb		光标向左移动 n 个单词（其中 n 为数字）
yy	复制粘贴	复制光标所在行
nyy		复制从光标所在行开始的向下 n 行
p		将已复制数据粘贴至光标所在行的下一行
P		将已复制数据粘贴至光标所在行的上一行
x	删除	向后一个字符，相当于 Delete 键
X		向前一个字符，相当于 Backspace 键
nx		向右删除 n 个字符

按　键	类　型	功　能
nX		向左删除 n 个字符
dd	删除	删除光标所在的一整行
ndd		从光标所在行开始向下删除 n 行（包括光标所在行）
u	撤销与重复	撤销前一个动作
U		重复前一个动作
/word		在光标之后的文本中查找 word 字符串，当找到第一个 word 后，输入"n"继续查找下一个
?word	查找	在光标之前的文本中查找 word 字符串，当找到第一个 word 后，输入"n"继续查找下一个
:n1,n2s/word1/word2/g		在 n1 至 n2 行之间查找所有 word1 字符串并将其替换为 word2
:s/word1/word2/g	替换	在全文中查找 word1 字符串并将其替换为 word2
:s/word1/word2/gc		在全文中查找 word1 字符串并将其替换为 word2，且在每次替换前需要用户确认

2）进入编辑模式的说明

从命令模式进入编辑模式可以使用不同的按键，常用按键及其功能如表 2.2.3 所示。

表 2.2.3　从命令模式进入编辑模式的常用按键及其功能

按　键	功　能
a	进入编辑模式并在当前光标后插入内容
A	进入编辑模式并将光标移动至当前段落末尾
i	进入编辑模式并在当前光标前插入内容
I	进入编辑模式并将光标移动至当前段落段首
o	进入编辑模式并在当前行后面新建空行
O	进入编辑模式并在当前行前面新建空行

3）在末行模式下的命令说明

vim 编辑器在末行模式下的常用命令、类型及其功能如表 2.2.4 所示。

表 2.2.4　vim 编辑器在末行模式下的常用命令、类型及其功能

命　令	类　型	功　能
:w	读/写文件	对编辑后的文件进行保存
:w!		若文件属性为只读，则强制保存该文件
:w[filename]	读/写文件	将编辑后的文件存储为另一个文件，文件名为"filename"
:r[filename]		读取 filename 文件，并将其内容插入光标所在行的下面
:q	退出	没有对文件做过修改，退出 vim 编辑器
:q!		对文件内容做过修改，强制不保存退出

续表

命　　令	类　　型	功　　能
:wq	退出	保存后退出
:wq!		强制保存后退出
ZZ		若文件没有修改，则直接不保存退出；若文件已修改，则保存后退出
:set nu	显示行号	在每行的行首显示行号
:set nonu		与:set nu 的功能相反，取消显示行号

📌 任务实施

步骤1： 进入 Kylin 操作系统，打开一个终端窗口，在命令行中输入"vim"（后面不加文件名），启动 vim 编辑器，按 a 键进入编辑模式。

步骤2： 输入例 2.2.1 所示的测试文本。

步骤3： 按 Esc 键返回命令模式，输入"："，进入末行模式；输入"w Linux"，将程序保存为 Linux 文件；输入"：q"，退出 vim 编辑器。

步骤4： 重新启动 vim 编辑器，通过"vim Linux"打开 Linux 文件。

步骤5： 输入"：set nu"，显示行号。

步骤6： 按 4 键并按 G 键，将光标移动至第 4 行行首。

步骤7： 按 o 键在当前行下面输入新行，并输入内容"This is a very good system!"。

步骤8： 在编辑模式下，按 Esc 键返回命令模式。输入"："进入末行模式，并输入"s/Linux/Kylin/g"，将文本中的"Linux"替换为"Kylin"。

步骤9： 按 3 键并按 G 键，将光标移动至第 3 行行首，输入"2yy"，复制第 3～4 行的内容。按 G 键将光标移动至最后一行的行首，按 p 键将其粘贴到最后一行的下方。

步骤10： 在末行模式下输入"：wq"，保存文件后退出 vim 编辑器。

📌 任务小结

（1）vim 编辑器是 vi 编辑器的增强版，没有菜单，只有命令。

（2）vim 编辑器的功能非常强大，有命令模式（一般模式）、编辑模式（插入模式）和末行模式 3 种基本工作模式。

任务2.3　管理磁盘分区与文件系统

📌 任务描述

Y 公司的网络管理员小赵需要将 Kylin 操作系统中的磁盘进行分区，并创建不同类型的磁盘格式。在 Kylin 操作系统中，需要将不同类型的文件系统挂载在不同的分区下，并使用命令查看磁盘使用情况，以验证磁盘管理的正确性。

🔧 任务要求

磁盘需要被分区和格式化后才能使用，而分区从实质上来说也是对磁盘的一种格式化，在 Kylin 操作系统中可以使用 fdisk 命令实现。本任务的具体要求如下所示。

（1）添加一块磁盘，大小为 20 GB。

（2）使用 fdisk 命令为该磁盘创建两个主分区和两个逻辑分区，主分区大小均为 5 GB；逻辑分区大小分别为 8 GB 和 2 GB。

（3）对创建好的磁盘分区进行格式化，格式化的文件系统为 XFS。

（4）对格式化后的磁盘分区进行手动挂载。

（5）对格式化后的第一个磁盘分区进行自动挂载。

（6）验证磁盘分区和自动挂载。

1. 磁盘分区的作用

没有经过分区的磁盘，是不能直接使用的。计算机中的 C 盘、D 盘代表的就是磁盘分区的盘符。前文说过，分区从实质上来说也是对磁盘的一种格式化，之后才能使用磁盘来更好地保存各种信息。磁盘分区能够优化磁盘管理，提高系统运行效率和安全性。具体来说，磁盘分区具有以下优点。

（1）易于管理和使用。对于一个磁盘来说，如果用户不将其空间分割而直接存储各种文件，就会让磁盘难以管理和使用；如果用户把磁盘空间分割以形成不同的分区，并把相同类型的文件放到同一个分区中，就方便了磁盘管理和使用。

（2）有利于数据安全。在将文件分区存放时，即使系统感染病毒也会有充分的时间采取措施来清除病毒，以防止病毒侵入更多文件，并且即使重装系统也只会丢失系统所在的数据而使其他数据得以保存，这大大提高了数据的安全性。

（3）提高系统运行效率。将不同类型的文件分区存放，在需要某个文件时直接到特定的分区中寻找，可以节约寻找文件的时间。

2. 磁盘分区表与分区名称

磁盘分区表是专门用来保存磁盘分区信息的。磁盘分区表的格式可以分为传统的 MBR（Master Boot Record，主引导记录）格式和 GPT（GUID Partition Table，GUID 磁盘分区表）格式。

（1）MBR 格式：一种传统的磁盘分区表格式。MBR 位于磁盘的第一个扇区，记录着系统引导信息和磁盘分区表信息。其中，前 446 字节代表系统引导信息，之后的 64 字节代表磁盘分区表信息，最后 2 字节代表结束标志字。由于每个分区表项占用 16 字节，因此最多只能划分 4 个主分区，为了支持更多的分区，就引入了扩展分区及逻辑分区的概念。可以把其中一个主分区当作扩展分区，之后在扩展分区上划分出更多的逻辑分区。也就是说，磁盘主分区和扩展分区的总数最多可以有 4 个，扩展分区最多只能有 1 个，且扩展分区本身并不能用来存放用户数据。MBR 磁盘支持的最大容量为 2.2 TB。图 2.3.1 所示为主分区、扩展分区和逻辑分区的关系。

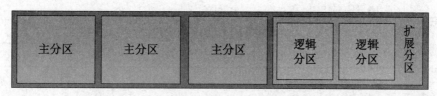

图 2.3.1　主分区、扩展分区和逻辑分区的关系

（2）GPT 格式：一种新的磁盘分区表格式。GPT 磁盘的第一个扇区仍然保留了 MBR，称为 PMBR，P 表示 Protective，意思是保护性。PMBR 之后是分区表信息，包括表头和分区表项。其中，表头包含首尾分区表位置和分区数量等信息；分区表项的数量无限制。磁盘的尾部有一个和头部相同的备份分区表，如果头部的分区表损坏了，则可以使用尾部的备份分区表来恢复。

Windows 操作系统使用 C、D、E 等对分区进行命名。而 Kylin 操作系统使用"设备名称+分区编号"表示磁盘的各个分区，主分区或扩展分区的编号为 1～4，逻辑分区的编号则从 5 开始。这样的命名方式显得更加清晰，避免了因为增加或卸载磁盘造成的盘符混乱。

Kylin 操作系统的分区命名方法：IDE 磁盘采用"/dev/hdxy"来命名。x 表示磁盘（用 a、b 等来标识），y 是分区的编号（用 1、2、3 等来标识）。SCSI 磁盘采用"/dev/sdxy"来命名。光驱（不管是 IDE 类型还是 SCSI 类型）采用和 IDE 磁盘一样的方式来命名。

IDE 磁盘和光驱设备可以通过内部连接来区分。第一个 IDE 信道的（Master）主设备标识为/dev/hda，第一个 IDE 信道的（Slave）从设备标识为/dev/hdb。按照这个原则，第二个 IDE 信道的主设备和从设备应当分别用/dev/hdc 和/dev/hdd 来标识。

SCSI 磁盘和光驱设备依赖于设备的 ID，不考虑遗漏的 ID。比如，3 个 SCSI 设备的 ID 分别是 0、2、5，设备名称分别是/dev/sda、/dev/sdb、/dev/sdc。如果现在再添加一个 ID 为 3 的设备，则这个设备将被称为"/dev/sdc"，以此类推，ID 为 5 的设备将被称为"/dev/sdd"。

分区的编号不依赖于 IDE 或 SCSI 设备的命名，编号 1～4 是为主分区或扩展分区保留的，从编号 5 开始才用来为逻辑分区命名。例如：第一块磁盘的主分区为 hda1，扩展分区为 hda2，扩展分区下的一个逻辑分区为 hda5。Kylin 分区名称及其说明如表 2.3.1 所示。

表 2.3.1　Kylin 分区名称及其说明

名　　称	说　　明
/dev/hda	IDE1 接口的主磁盘
/dev/hda1	IDE1 接口的主磁盘的第一个分区
/dev/hda2	IDE1 接口的主磁盘的第二个分区
/dev/hda5	IDE1 接口的主磁盘的第一个逻辑分区
/dev/hdb	IDE1 接口的从磁盘
/dev/hdb1	IDE1 接口的从磁盘的第一个分区
/dev/sda	ID 为 0 的 SCSI 磁盘
/dev/sda1	ID 为 0 的 SCSI 磁盘的第一个分区
/dev/sdd3	ID 为 3 的 SCSI 磁盘的第三个分区
/dev/sda5	ID 为 0 的 SCSI 磁盘的第一个逻辑分区

3．磁盘管理工具 fdisk

fdisk 工具的使用方法非常简单，只需要把磁盘名称当作参数即可。fdisk 工具最主要的功能是修改分区表（Partition Table）。fdisk 命令的基本语法格式如下所示。

```
[root@kylin ~]#fdisk /dev/sdb        //注意这里的参数是磁盘名称而不是分区名称
...//此处省略部分内容...
命令(输入 m 获取帮助)：
```

在命令提示后面输入相应的命令来选择需要的操作，例如，输入命令"m"，可列出所有可用命令。fdisk 工具中的常用命令及其功能如表 2.3.2 所示。

表 2.3.2　fdisk 工具中的常用命令及其功能

命　令	功　　能	命　令	功　　能
a	调整磁盘启动分区	q	不保存更改，退出 fdisk 工具
d	删除磁盘分区	t	更改分区类型
l	列出所有支持的分区类型	u	切换所显示的分区大小的单位
m	列出所有命令	w	把修改写入磁盘分区表后退出
n	创建新分区	x	列出高级选项
p	列出磁盘分区表		

4．创建文件系统

在磁盘分区创建完成后，需要为磁盘创建文件系统，否则磁盘仍然无法使用。在创建文件系统时，需要确认分区上的数据是否可用，因为创建文件系统后会删除分区内原有的数据，且数据不可恢复。mkfs 命令用于创建文件系统，其基本语法格式如下所示。

```
mkfs [选项] 分区设备名
```

mkfs 命令的常用选项及其功能如表 2.3.3 所示。

表 2.3.3 mkfs 命令的常用选项及其功能

选 项	功 能
-t 文件系统类型	指定要创建的文件系统类型
-c	创建文件系统前先检查坏块
-v	显示要创建的文件系统的详细信息

mkfs 命令的基本用法如例 2.3.1 所示。

例 2.3.1：mkfs 命令的基本用法

```
[root@kylin ~]#mkfs -t xfs /dev/sdb2
meta-data=/dev/sdb1              isize=512   agcount=4, agsize=327680 blks
         =                       sectsz=512  attr=2, projid32bit=1
         =                       crc=1       finobt=0, sparse=0
data     =                       bsize=4096  blocks=1310720, imaxpct=25
         =                       sunit=0     swidth=0 blks
naming   =version 2              bsize=4096  ascii-ci=0 ftype=1
log      =internal log           bsize=4096  blocks=2560, version=2
         =                       sectsz=512  sunit=0 blks, lazy-count=1
realtime =none                   extsz=4096  blocks=0, rtextents=0
```

5. 分区的挂载、卸载与自动挂载

1）挂载、卸载

所谓挂载，就是将新建的文件系统与目录建立一种关联的过程，这是使分区可以正常使用的最后一步。文件系统所挂载到的目录称为"挂载点"。文件系统可以在系统引导过程中自动挂载，也可以手动挂载。手动挂载文件系统的命令是 mount，其基本语法格式如下所示。

```
mount [-t 文件系统类型] 分区名 目录名
```

-t 选项表示挂载的文件系统类型，它可以被省略，主要是因为 mount 命令能自动检测出分区格式化时使用的文件系统。下面将光盘挂载到/mnt 目录下，如例 2.3.2 所示。

例 2.3.2：挂载光盘

```
[root@kylin ~]mount -t iso9660 /dev/cdrom /mnt     //将光盘挂载到/mnt 目录下
mount: /dev/sr0 写保护，将以只读方式挂载
```

需要注意的是，在挂载光盘前，需要将光盘的设备状态设置为"已连接""启动时连接"，否则无法成功挂载。具体步骤为：在"虚拟机设置"对话框的"硬件"选项卡中选择"CD/DVD(IDE)"选项，将设备状态设置为"已连接""启动时连接"，将连接方式设置为"使

用 ISO 映像文件"，并找到 Kylin 操作系统的映像文件，单击"确定"按钮即可，如图 2.3.2 所示。

图 2.3.2　设置设备状态与连接方式

关于分区的挂载，需要特别注意以下 3 点。

（1）不要把一个分区挂载到不同的目录下。

（2）不要把多个分区挂载到同一个目录下。

（3）作为挂载点的目录最好是一个空目录。

一般而言，挂载点应该是一个空目录，否则目录中原来的文件将被系统暂时隐藏。如果想看到原来的内容，就需要使用命令将分区卸载。卸载分区是指解除分区与挂载点的关联关系。卸载分区所用的命令是 umount，如例 2.3.3 所示。

例 2.3.3：卸载分区

```
[root@kylin ~]# umount /dev/cdrom          //使用分区名卸载
[root@kylin ~]# umount /mnt                //使用挂载点卸载
[root@kylin ~]# lsblk -p /dev/cdrom        //检查分区挂载点
NAME      MAJ:MIN RM  SIZE RO TYPE MOUNTPOINT
/dev/sr0 11:0    1  4G  0 rom                //挂载点显示为空
```

2）自动挂载

使用 mount 命令挂载的文件系统，当计算机重启或关机再启动时，需要重新执行 mount 命令才可以继续使用。如果希望文件系统在计算机重启时自动挂载，则可以通过修改 /etc/fstab 文件来实现，如例 2.3.4 所示。

例 2.3.4：在/etc/fstab 文件的末行添加如下内容，使系统在以后每次运行时自动挂载分区

```
[root@kylin ~]# cat /etc/fstab

......                                    //此处省略部分内容
/dev/mapper/klas-root    /                          xfs    defaults    0 0
UUID=62929bd4-acac-4953-973e-abf95f85ffad /boot    xfs    defaults    0 0
/dev/mapper/klas-swap    swap                       swap   defaults    0 0
/dev/sdb2                /data2                      xfs    defaults    0 0
```

/etc/fstab 文件中各列内容的含义如下所示。

（1）第 1 列：要挂载的设备（分区）如果有卷标，则可以使用卷标。

（2）第 2 列：文件系统的挂载点。

（3）第 3 列：所挂载文件系统的类型。

（4）第 4 列：文件系统的挂载选项。挂载选项有很多，如 async（异步写入）、dev（允许创建设备文件）、auto（自动载入）、rw（读写权限）、exec（可执行）、nouser（普通用户不可挂载）、suid（允许含有 suid 文件格式）、defaults（表示同时具备以上参数，默认使用 defaults），以及 usrquota（用户配额）、grpquota（组配额）等。

（5）第 5 列：提供 dump 功能来备份系统，"0"表示不使用 dump 功能，"1"表示使用 dump 功能，"2"也表示使用 dump 功能，但重要性比"1"小。

（6）第 6 列：指定计算机启动时文件系统的检查次序，"0"表示不检查，"1"表示最先检查，"2"表示检查，但检查时间比"1"晚。

6. 查看文件与空间使用情况

以下介绍日常的文件系统管理中常用的命令。

1）df 命令

df 命令用于从超级数据块中读取信息，以及查看系统中已经挂载的各个文件系统的磁盘使用情况。df 命令的基本语法格式如下所示。

```
df [选项] [目录或文件名]
```

df 命令的常用选项及其功能如表 2.3.4 所示。

表 2.3.4　df 命令的常用选项及其功能

选　　项	功　　能
-a	显示所有文件系统的磁盘使用情况，包括/proc、/sysfs 等系统特有的文件系统
-m	以 MB 为单位显示文件系统空间大小
-k	以 KB 为单位显示文件系统空间大小
-h	以人们习惯的 KB、MB 或 GB 为单位显示文件系统空间大小
-H	等同于-h 选项，但指定容量的换算以 1000 进位，即 1 KB=1000 B，而不是 1024B
-T	显示所有已挂载的文件系统的类型
-i	显示文件系统的 inode 编号

在使用 df 命令时，若不加任何选项和参数，则默认显示系统中所有的文件系统，如例 2.3.5 所示。

例 2.3.5：df 命令的基本用法

```
[root@kylin ~]# df
文件系统                        1K-块        已用           可用       已用% 挂载点
Devtmpfs                       452604          0         452604      0%   /dev
tmpfs                          479636          0         479636      0%   /dev/shm
tmpfs                          479636      49192         430444     11%   /run
tmpfs                          479636          0         479636      0%   /sys/fs/cgroup
/dev/mapper/klas-root        28248600    7656268       20592332     28%   /
tmpfs                          479636          4         479632      1%   /tmp
/dev/sda1                     1038336     215916         822420     21%   /boot
tmpfs                           95924          0          95924      0%   /run/user/993
tmpfs                           95924          0          95924      0%   /run/user/0
```

针对使用 mount|grep sdb 命令查看挂载信息的情况，也可以使用 df 命令来实现，如例 2.3.6 所示。

例 2.3.6：使用 df 命令查看挂载信息

```
[root@kylin ~]#df -TH|grep sdb
/dev/sdb1      xfs      5.4G   34M  5.4G    1% /data1
/dev/sdb2      xfs      5.4G   34M  5.4G    1% /data2
/dev/sdb5      xfs      8.6G   34M  8.6G    1% /data3
/dev/sdb6      xfs      2.2G   34M  2.2G    2% /data4
```

2）du 命令

du 命令用于显示磁盘空间的使用情况。该命令会逐级显示指定目录的每一级子目录占用文件系统数据块的情况，其基本语法格式如下所示。

```
du [选项] [目录或文件名称]
```

du 命令的常用选项及其功能如表 2.3.5 所示。

表 2.3.5　du 命令的常用选项及其功能

选　项	功　能
-a	递归显示指定目录中各文件及子目录中各文件的容量
-k	以 1024 字节为单位显示磁盘空间容量
-m	以 1024 KB 为单位显示磁盘空间容量
-h	以人们习惯的 KB、MB 或 GB 为单位显示磁盘空间容量
-s	仅显示目录的总磁盘占用量，不显示子目录和子文件的磁盘占用量
-S	显示目录本身的磁盘占用量，不包括子目录的磁盘占用量

在使用 du 命令时，若不加任何选项和参数，则默认显示当前目录及其子目录的磁盘占用量。du 命令的基本用法如例 2.3.7 所示。

例 2.3.7：du 命令的基本用法

```
[root@kylin ~]#cd /boot
[root@kylin boot]#du
4       ./efi/EFI/kylin
4       ./efi/EFI
4       ./efi
3192    ./grub2/i386-pc
2872    ./grub2/themes/starfield
2872    ./grub2/themes
2504    ./grub2/fonts
8584    ./grub2
0       ./loader/entries
0       ./loader
0       ./dracut
184028  .
```

可以使用-s 选项查看当前目录的磁盘占用量；使用-S 选项仅显示每个目录本身的磁盘占用量，如例 2.3.8 所示。

例 2.3.8：du 命令的基本用法——使用-s 和-S 选项

```
[root@localhost boot]# du -s
184028  .
[root@localhost boot]# du -S
4       ./efi/EFI/kylin
0       ./efi/EFI
0       ./efi
```

```
3192    ./grub2/i386-pc
2872    ./grub2/themes/starfield
0       ./grub2/themes
2504    ./grub2/fonts
16      ./grub2
0       ./loader/entries
0       ./loader
0       ./dracut
175440  .
```

3）lsblk 命令

使用 lsblk 命令同样可以查看磁盘信息，且该命令会以树状结构列出系统中的所有磁盘及磁盘分区，如例 2.3.9 所示。

例 2.3.9：使用 lsblk 命令查看磁盘信息

```
[root@kylin ~]#lsblk -p
NAME                      MAJ:MIN    RM  SIZE  RO  TYPE MOUNTPOINT
/dev/sda                  8:0        0   30G   0   disk
├─/dev/sda1               8:1        0   1G    0   part /boot
└─/dev/sda2               8:2        0   29G   0   part
  ├─/dev/mapper/klas-root 253:0      0   27G   0   lvm  /
  └─/dev/mapper/klas-swap 253:1      0   2G    0   lvm  [SWAP]
/dev/sr0                  11:0       1   4G    0   rom
```

有关 lsblk 命令的其他选项，可以通过 man 命令查看。

任务实施

1. 为虚拟机添加磁盘

步骤 1：在进行磁盘管理之前需要先添加一块磁盘。在虚拟机中添加磁盘非常容易，可以在虚拟机界面中单击"编辑虚拟机设置"按钮，弹出"虚拟机设置"对话框，如图 2.3.3 所示。

步骤 2：单击"添加"按钮，弹出"添加硬件向导"对话框，在"硬件类型"列表框中选择"硬盘"选项，如图 2.3.4 所示。

步骤 3：单击"下一步"按钮，设置磁盘类型为"SATA"；单击"下一步"按钮，选中"创建新虚拟磁盘"单选按钮；单击"下一步"按钮，设置最大磁盘大小为 20GB，如图 2.3.5 所示，并选中"将虚拟磁盘存储为单个文件"单选按钮；单击"下一步"按钮，设置磁盘存储位置，如图 2.3.6 所示。磁盘添加完成后的效果如图 2.3.7 所示。

图 2.3.3 "虚拟机设置"对话框

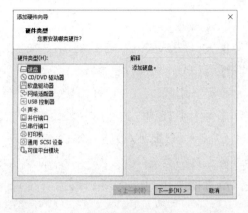

图 2.3.4 "添加硬件向导"对话框

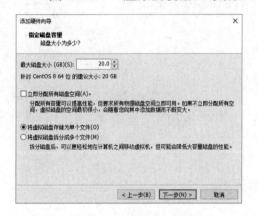

图 2.3.5 设置最大磁盘大小

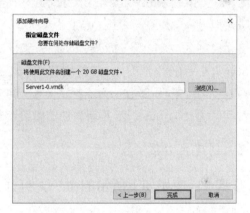

图 2.3.6 设置磁盘存储位置

图 2.3.7 磁盘添加完成后的效果

2. 使用 fdisk 命令创建磁盘分区

1）使用 fdisk 命令查看磁盘信息

使用 fdisk 命令可以查看磁盘信息，如下所示。

```
[root@kylin ~]#fdisk -l
Disk /dev/sda: 30 GiB, 32212254720 字节，62914560 个扇区
磁盘型号：VMware Virtual S
单元：扇区 / 1 * 512 = 512 字节
扇区大小(逻辑/物理)：512 字节 / 512 字节
I/O 大小(最小/最佳)：512 字节 / 512 字节
磁盘标签类型：dos
磁盘标识符：0xdb98eae9
......                                    //此处省略部分内容
Disk /dev/sdb: 20 GiB, 21474836480 字节，41943040 个扇区
磁盘型号：VMware Virtual S
单元：扇区 / 1 * 512 = 512 字节
扇区大小(逻辑/物理)：512 字节 / 512 字节
I/O 大小(最小/最佳)：512 字节 / 512 字节
//可以看出/dev/sdb 是新添加的磁盘，是没有经过分区和格式化的
```

2）创建主分区

步骤 1：使用如下所示的命令，打开 fdisk 操作菜单。

```
[root@kylin ~]#fdisk /dev/sdb
欢迎使用 fdisk (util-linux 2.35.2)。
更改将停留在内存中，直到您决定将更改写入磁盘。
使用写入命令前请三思。

设备不包含可识别的分区表。
创建了一个磁盘标识符为 0x2f940a1e 的新 DOS 磁盘标签。

命令(输入 m 获取帮助)：
```

步骤 2：输入命令"p"，查看当前分区表。从命令执行结果可以看出，/dev/sdb 磁盘并无任何分区。

```
命令(输入 m 获取帮助)：p
Disk /dev/sdb: 20 GiB, 21474836480 字节，41943040 个扇区
磁盘型号：VMware Virtual S
单元：扇区 / 1 * 512 = 512 字节
扇区大小(逻辑/物理)：512 字节 / 512 字节
```

```
I/O 大小(最小/最佳)：512 字节 / 512 字节
磁盘标签类型：dos
磁盘标识符：0x2f940a1e
```

步骤 3：先输入命令"n"，再输入命令"p"，并创建编号为 1 和 2 的主分区，设置两个主分区的大小均为 5 GB，如下所示。

```
命令(输入 m 获取帮助)：n
分区类型
   p   主分区 (0 primary, 0 extended, 4 free)
   e   扩展分区 (逻辑分区容器)
选择 (默认 p)：p
分区号 (1-4, 默认  1)：1
第一个扇区 (2048-41943039, 默认 2048)：
最后一个扇区, +/-sectors 或 +size{K,M,G,T,P} (2048-41943039, 默认 41943039)：
+5G

创建了一个新分区 1，类型为"Linux"，大小为 5 GiB。

命令(输入 m 获取帮助)：n
分区类型
   p   主分区 (1 primary, 0 extended, 3 free)
   e   扩展分区 (逻辑分区容器)
选择 (默认 p)：p                                      //主分区
分区号 (2-4, 默认  2)：2
第一个扇区 (10487808-41943039, 默认 10487808)：
最后一个扇区, +/-sectors 或 +size{K,M,G,T,P} (10487808-41943039, 默认 41943039)：
+5G

创建了一个新分区 2，类型为"Linux"，大小为 5 GiB。
```

3）创建扩展分区

创建编号为 3 的扩展分区，将剩余空间全部分配给扩展分区，并保持起始柱面和结束柱面的默认设置，按 Enter 键，如下所示。

```
命令(输入 m 获取帮助)：n
分区类型：
   p   主分区 (1 primary, 0 extended, 2 free)
   e   扩展分区 (逻辑分区容器)
Select (default p)：e                                  //扩展分区
分区号 (3,4, 默认 3)：3
```

第一个扇区 (20973568-41943039，默认 20973568)：

最后一个扇区，+/-sectors 或 +size{K,M,G,T,P} (20973568-41943039，默认 41943039)：

创建了一个新分区 3，类型为"Extended"，大小为 10 GiB。

4）创建逻辑分区

在扩展分区上创建逻辑分区，设置其中一个逻辑分区的空间大小为 8 GB，将剩余空间全部分配给另一个逻辑分区，且无须为逻辑分区指定编号，如下所示。

命令(输入 m 获取帮助)：n
所有主分区的空间都在使用中。
添加逻辑分区 5
第一个扇区 (20975616-41943039，默认 20975616)：
最后一个扇区，+/-sectors 或 +size{K,M,G,T,P} (20975616-41943039，默认 41943039)：
+8G

创建了一个新分区 5，类型为"Linux"，大小为 8 GiB。

命令(输入 m 获取帮助)：n
所有主分区的空间都在使用中。
添加逻辑分区 6
第一个扇区 (37754880-41943039，默认 37754880)：
最后一个扇区，+/-sectors 或 +size{K,M,G,T,P} (37754880-41943039，默认 41943039)：

创建了一个新分区 6，类型为"Linux"，大小为 2 GiB。

5）查看分区结果

在分区全部完成后，可以使用 p 命令查看分区结果。同时，在分区完成后，需要输入命令"w"将新的分区表写入磁盘，否则新的分区表不起任何作用，如下所示。

命令(输入 m 获取帮助)：p

Disk /dev/sdb：20 GiB，21474836480 字节，41943040 个扇区
磁盘型号：VMware Virtual S
单元：扇区 / 1 * 512 = 512 字节
扇区大小(逻辑/物理)：512 字节 / 512 字节
I/O 大小(最小/最佳)：512 字节 / 512 字节
磁盘标签类型：dos
磁盘标识符：0x2f940a1e

```
设备        启动        起点        末尾        扇区      大小  Id  类型
/dev/sdb1              2048  10487807  10485760     5G  83  Linux
/dev/sdb2         10487808  20973567  10485760     5G  83  Linux
/dev/sdb3         20973568  41943039  20969472    10G   5  扩展
/dev/sdb5         20975616  37752831  16777216     8G  83  Linux
/dev/sdb6         37754880  41943039   4188160     2G  83  Linux
```

命令(输入 m 获取帮助)：w   //写入磁盘
分区表已调整。
将调用 ioctl() 来重新读分区表。
正在同步磁盘。

3. 使用 mkfs 命令创建文件系统

使用 mkfs.xfs /dev/sdb1 命令将主分区/dev/sdb1 格式化为 XFS 文件系统的分区，其他分区的格式化操作与主分区的相同，如下所示。

```
[root@kylin ~]# mkfs.xfs /dev/sdb1
meta-data=/dev/sdb1           isize=512    agcount=4, agsize=327680 blks
         =                    sectsz=512   attr=2, projid32bit=1
         =                    crc=1        finobt=0, sparse=0
data     =                    bsize=4096   blocks=1310720, imaxpct=25
         =                    sunit=0      swidth=0 blks
naming   =version 2           bsize=4096   ascii-ci=0 ftype=1
log      =internal log        bsize=4096   blocks=2560, version=2
         =                    sectsz=512   sunit=0 blks, lazy-count=1
realtime =none                extsz=4096   blocks=0, rtextents=0
[root@kylin ~]# mkfs.xfs /dev/sdb2
[root@kylin ~]# mkfs.xfs /dev/sdb5
[root@kylin ~]# mkfs.xfs /dev/sdb6
```

4. 分区的手动挂载

步骤 1：本任务将/dev/sdb1 分区挂载到/data1 目录下，将/dev/sdb2 分区挂载到/data2 目录下，将/dev/sdb5 分区挂载到/data3 目录下，将/dev/sdb6 分区挂载到/data4 目录下，具体操作如下所示。

```
[root@kylin ~]# mkdir /data1
[root@kylin ~]# mkdir /data2
[root@kylin ~]# mkdir /data3
[root@kylin ~]# mkdir /data4
[root@kylin ~]# mount /dev/sdb1  /data1
```

```
[root@kylin ~]# mount /dev/sdb2  /data2
[root@kylin ~]# mount /dev/sdb5  /data3
[root@kylin ~]# mount /dev/sdb6  /data4
```

步骤 2： 在挂载成功后，可以通过 mount|grep sdb 命令查看挂载信息，如下所示。

```
[root@kylin ~]# mount|grep sdb
/dev/sdb1 on /data1 type xfs (rw,relatime,seclabel,attr2,inode64,noquota)
/dev/sdb2 on /data2 type xfs (rw,relatime,seclabel,attr2,inode64,noquota)
/dev/sdb5 on /data3 type xfs (rw,relatime,seclabel,attr2,inode64,noquota)
/dev/sdb6 on /data4 type xfs (rw,relatime,seclabel,attr2,inode64,noquota)
```

小提示

当设备被挂载到指定的挂载点目录下时，挂载点目录下原来的文件将被暂时隐藏，无法访问。此时挂载点目录显示的是设备上的文件。在设备被卸载后，挂载点目录的文件即可恢复。

---

5. 分区的自动挂载

步骤 1： 要在系统每次运行时实现分区自动挂载，可以在/etc/fstab 文件中将/dev/sdb1 分区以 defaults 方式挂载到/data1 目录下，添加内容如下所示。

```
[root@kylin ~]#cat /etc/fstab

......                                    //此处省略部分内容
/dev/mapper/klas-root /                          xfs     defaults     0 0
UUID=62929bd4-acac-4953-973e-abf95f85ffad /boot  xfs     defaults     0 0
/dev/mapper/klas-swap swap                        swap    defaults     0 0
/dev/sdb1              /data1                     xfs     defaults     0 0
```

步骤 2： 重启计算机，可以通过 mount|grep sdb1 命令查看挂载信息，如下所示。

```
[root@kylin ~]#mount|grep sdb1
/dev/sdb1 on /data1 type xfs (rw,relatime,seclabel,attr2,inode64,noquota)
```

🔖 任务小结

（1）在添加磁盘时，最好在关闭系统后添加，否则可能会导致添加不成功。

（2）对磁盘进行分区能够优化磁盘管理，提高系统运行效率和安全性。

项目 3

配置常规网络与使用远程服务

● **项目描述**

　　Y 公司是一家电子商务运营公司，小赵作为其网络管理员，始终觉得学习 Kylin 服务器的网络配置是至关重要的。

　　为了工作方便，网络管理员应及时对服务器进行维护，以保证其正常工作，因此必须掌握远程管理服务器的方法。远程登录出现的时间较早，而且此类服务一直在网络管理中发挥着非常重要的作用。管理员通过远程登录的方式，能够随时随地进行远程管理操作。随着远程登录服务功能的完善，登录服务成为互联网最广泛的应用之一。

　　本项目主要介绍网络配置的相关知识和技能，包括主机名、IP 地址、子网掩码、网关地址及 DNS 地址等的配置。本项目还深入讲解了远程登录的原理及 SSH 服务器的配置和操作方法。项目拓扑结构如图 3.0.1 所示。

用户名：teacher　　　　　1.实现基于口令的验证
密　码：自定　　　　　　2.实现基于密钥的验证

server　　　　　　　虚拟交换机　　　　　　　client
IP地址/子网掩码：192.168.1.201/24　　　　　　　　IP地址/子网掩码：192.168.1.210/24
网关地址：192.168.1.254　　　　　　　　　　　　网关地址：192.168.1.254

图 3.0.1　项目拓扑结构

⭐ **知识目标**

1. 掌握网络的相关配置文件和配置参数。
2. 了解 SSH 服务的功能和原理。
3. 了解 SSH 服务的相关配置文件。

能力目标

1. 熟练掌握 Kylin 网络相关参数的配置方法。
2. 掌握 SSH 配置和远程登录的方法。

素质目标

1. 引导读者了解"实践出真知"的道理，了解解决方法的多样性。
2. 引导读者正确地配置网络，合理、安全地管理网络。
3. 引导读者正确地使用软件，合理、安全地配置和使用远程登录功能。

任务 3.1 配置常规网络

任务描述

Y 公司部署了若干台 Kylin 服务器，网络管理员小赵按照公司的业务要求，对公司的 Kylin 服务器进行网络配置与管理，以实现与其他主机的通信。

任务要求

Kylin 主机要与网络中其他主机进行通信，首先需要进行正确的网络配置。网络配置通常涉及主机名、IP 地址、子网掩码、网关地址、DNS 地址等的配置。本任务的具体要求如下所示。

（1）两台计算机的信息配置如表 3.1.1 所示。

表 3.1.1 两台计算机的信息配置

项　　目	说　　明	
主机名	server	client
IP 地址/子网掩码	192.168.1.201/24	192.168.1.210/24
网关地址	192.168.1.254	
DNS 地址	192.168.1.201、202.96.128.86	

（2）使用 ping 命令测试 server 与 client 之间的连通性。

1. 使用图形界面配置网络

在服务器上，一般采用文本界面的方式配置网络，而初学者可以采用图形界面的方式配置网络。

步骤 1：单击桌面左下角的"" 快捷按钮，弹出"以太网"快捷菜单，如图 3.1.1 所示。在图 3.1.1 中选择"ens160"选项，弹出"连接已建立"对话框，提示用户已连接到网卡"ens160"，如图 3.1.2 所示。

图 3.1.1　"以太网"快捷菜单

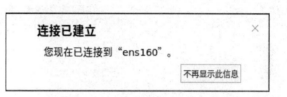

图 3.1.2　"连接已建立"对话框

步骤 2：使用 root 用户（管理员）身份登录 Kylin 操作系统，单击左下角的"UK"按钮，并在弹出的开始菜单中选择"控制面板"→"硬件配置"→"网络连接"选项，打开"网络连接"界面，如图 3.1.3 所示。

步骤 3：在"网络连接"界面中，双击名称为"ens160"的以太网连接，在弹出的对话框中可以查看其在当前环境下的网络状态，其中，"连接名称"可自定义，在默认情况下会以物理网卡的名称作为网络连接的名称，如图 3.1.4 所示。

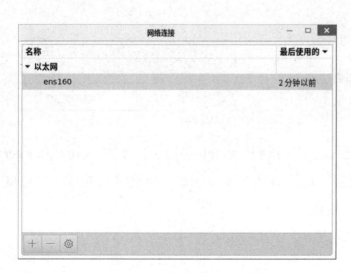

图 3.1.3　"网络连接"界面

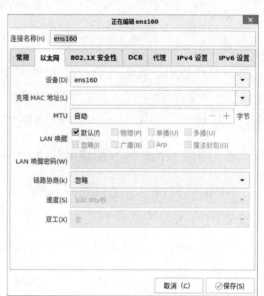

图 3.1.4　查看网络连接的网络状态

步骤 4：在图 3.1.4 中，打开"IPv4 设置"选项卡，设置网络配置方法为"手动"，单击"添加"按钮，手动配置"地址""子网掩码""网关"，在"DNS 服务器"文本框中输入 DNS 地址，如图 3.1.5 所示，之后单击"保存"按钮，返回如图 3.1.3 所示的界面。

图 3.1.5　"IPv4 设置"选项卡

步骤 5：在桌面上打开终端窗口，查看结果，如下所示。

```
[root@kylin ~]# ip addr show ens160              //查看 IP 地址
 2: ens160: <BROADCAST,MULTICAST,UP,LOWER_UP> mtu 1500 qdisc fq_codel state
UP group default qlen 1000
    link/ether 00:0c:29:15:89:86 brd ff:ff:ff:ff:ff:ff
    inet 192.168.1.201/24 brd 192.168.1.255 scope global noprefixroute
ens160
       valid_lft forever preferred_lft forever
    inet6 fe80::29a0:bc4c:8430:63e3/64 scope link noprefixroute
       valid_lft forever preferred_lft forever
```

2. 使用 nmcli 命令配置网络

NetworkManager 是管理和监控网络设置的守护进程，nmcli 是用于控制 NetworkManager 和报告网络状态的命令行工具。一个网络接口可以有多个连接配置，但同时只能有一个连接配置生效。nmcli 命令的基本语法格式如下所示。

```
nmcli [选项]    {connection|device 等 object}   [命令] [参数]
```

常用 nmcli 命令及其作用如表 3.1.2 所示。

表 3.1.2　常用 nmcli 命令及其作用

命　　令	作　　用
nmcli connection show	显示所有连接
nmcli connection show-active	显示所有活动的连接状态
nmcli connection show ens160	显示网络连接配置
nmcli device status	显示设备状态
nmcli device show ens160	显示网络接口属性
nmcli connection add help	查看帮助信息
nmcli connection reload	重新加载配置
nmcli connection down ens160	禁用 ens160 配置文件
nmcli connection up ens160	启用 ens160 配置文件
nmcli device disconnect ens160	禁用 ens160 网卡
nmcli device connect ens160	启用 ens160 网卡

　　使用 nmcli 命令可以创建、编辑、修改、删除、激活和禁用网络连接，以及控制和显示网络设备状态。nmcli 命令的基本用法如例 3.1.1 所示。

　　例 3.1.1：nmcli 命令的基本用法

```
[root@kylin ~]# nmcli connection show          //查看系统已有的网络连接
NAME    UUID                               TYPE      DEVICE
ens160  4b284410-ab6a-4dba-862e-eae55ea6ccbd  ethernet  ens160
[root@kylin ~]# nmcli connection show ens160       //查看指定的网络连接
connection.id:                ens33
connection.uuid:              057dd50c-306d-49ec-9bd7-2c76666b9256
connection.stable-id:         --
connection.interface-name:    ens33
connection.type:              802-3-ethernet
connection.autoconnect:       yes
......          //省略部分内容
[root@kylin ~]# nmcli con modify ens160 \          //配置 IP 地址
>ipv4.method manual \
>ipv4.addresses 192.168.1.201/24 \
>ipv4.gateway 192.168.1.254 \
>ipv4.dns 192.168.1.201,202.96.128.86
[root@kylin ~]#nmcli connection up ens160          //启动 ens160 连接
连接已成功激活(D-Bus 活动路径:/org/freedesktop/NetworkManager/ActiveConnection/7)
[root@kylin ~]# ip addr show ens160
2: ens160: <BROADCAST,MULTICAST,UP,LOWER_UP> mtu 1500 qdisc fq_codel state
UP group default qlen 1000
    link/ether 00:0c:29:3f:f6:df brd ff:ff:ff:ff:ff:ff
```

```
    inet 192.168.1.201/24 brd 192.168.1.255 scope global noprefixroute ens33
       valid_lft forever preferred_lft forever
    inet6 fe80::20c:29ff:fe3f:f6df/64 scope link noprefixroute
       valid_lft forever preferred_lft forever
[root@kylin ~]# cat /etc/sysconfig/network-scripts/ifcfg-ens160
......          //省略部分内容
IPADDR=192.168.1.201
PREFIX=24
GATEWAY=192.168.1.254
DNS1=192.168.1.201
DNS2=202.96.128.86
```

nmcli 是一个功能非常强大的命令，本书限于篇幅不能对其进行详尽介绍，只能介绍常用设置或命令，读者可以使用 man nmcli 命令或 man NetworkManager.conf 命令来获取详细信息。

3. 使用网卡配置文件配置网络

在 Kylin 操作系统中，一切操作对象都是文件。因此，配置网络就表示编辑相应的网卡配置文件。在 Kylin 操作系统中，"ens"是网卡的默认编号。网卡配置文件的前缀是"ifcfg"，位于/etc/sysconfig/network-scripts 目录下。使用 ip addr 命令可以查看当前系统的默认网卡配置文件。使用网卡配置文件配置网络如例 3.1.2 所示。

例 3.1.2：使用网卡配置文件配置网络

```
[root@kylin ~]# vim /etc/sysconfig/network-scripts/ifcfg-ens160
TYPE=Ethernet                        //设备类型，Ethernet 表示以太网
PROXY_METHOD=none
BROWSER_ONLY=no
BOOTPROTO=static              //地址分配模式，static 或 none 表示静态，dhcp 表示动态
DEFROUTE=yes
IPV4_FAILURE_FATAL=no
IPV6INIT=yes
IPV6_AUTOCONF=yes
IPV6_DEFROUTE=yes
IPV6_FAILURE_FATAL=no
IPV6_ADDR_GEN_MODE=stable-privacy
NAME=ens160                          //网卡名称
UUID=057dd50c-306d-49ec-9bd7-2c76666b9256
DEVICE=ens160                        //设备名称
ONBOOT=yes                           //是否启动，yes 表示启动，no 表示不启动
IPADDR=192.168.1.201                 //IP 地址
PREFIX=24                            //子网掩码，或 NETMASK=255.255.255.0
```

```
GATEWAY=192.168.1.254                          //网关地址
DNS1=192.168.1.201                             //DNS 地址
DNS2=202.96.128.86                             //DNS 地址
```

在本例中，有些参数已经存在，有些参数需要手动添加，如"IPADDR""PREFIX"
"GATEWAY""DNS1"参数就是需要手动添加的。在编辑好网卡配置文件后，需要先使用
systemctl restart network 命令手动启动网络配置，然后通过 ip addr show ens160 命令查看 IP 地
址等信息是否生效，如例 3.1.3 所示。

例 3.1.3：启动网络配置，查看 IP 地址等信息

```
[root@kylin ~]# systemctl restart network              //启动网络配置
[root@kylin ~]# ip addr show ens160                    //查看 IP 地址等信息
2: ens160: <BROADCAST,MULTICAST,UP,LOWER_UP> mtu 1500 qdisc fq_codel state
UP group default qlen 1000
    link/ether 00:0c:29:15:89:86 brd ff:ff:ff:ff:ff:ff
    inet 192.168.1.201/24 brd 192.168.1.255 scope global noprefixroute ens160
      valid_lft forever preferred_lft forever
    inet6 fe80::29a0:bc4c:8430:63e3/64 scope link noprefixroute
      valid_lft forever preferred_lft forever
```

4. 使用 nmtui 工具配置网络

nmtui 是 Kylin 操作系统提供的一个具有文本界面的文本配置工具。在 nmtui 工具的"网
络管理器"界面中，通过键盘的上下方向键可以选择不同的操作，通过左右方向键或 Tab 键
可以在不同的功能区之间跳转。使用 nmtui 工具配置网络的方法如例 3.1.4 所示。

例 3.1.4：使用 nmtui 工具配置网络的方法

步骤 1：在命令行或 Shell 终端窗口的命令提示符后，以 root 用户的身份执行 nmtui 命令
即可进入"网络管理器"界面（通过键盘的上下方向键可以选择需要调整配置的选项），如
图 3.1.6 所示。

步骤 2：在"网络管理器"界面中，选择"编辑连接"选项并按 Enter 键，可以看到系统
当前已有的网卡及操作列表，如图 3.1.7 所示。

图 3.1.6　"网络管理器"界面

图 3.1.7　网卡及操作列表

步骤 3：在网卡及操作列表中，选择"ens160"选项并对其进行编辑操作，按 Enter 键，进入 nmtui 工具的"编辑连接"界面，如图 3.1.8 所示。

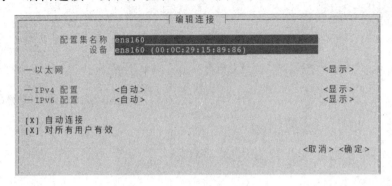

图 3.1.8　"编辑连接"界面

步骤 4：在"编辑连接"界面中填写相关配置信息，在 IPv4 配置的"自动"按钮处按空格键，设置 IP 地址的配置方式为"手动"；在"显示"按钮处按空格键，显示与 IP 地址相关的文本输入框；在地址的"添加"按钮处按 Enter 键，添加 IP 地址/子网掩码为"192.168.1.201/24"；在网关处添加网关地址为"192.168.1.254"；在 DNS 服务器的"添加"按钮处按 Enter 键，添加 DNS 地址为"192.168.1.201"和"202.96.128.86"，如图 3.1.9 所示。在配置完成后，单击"确定"按钮，返回如图 3.1.7 所示的界面。

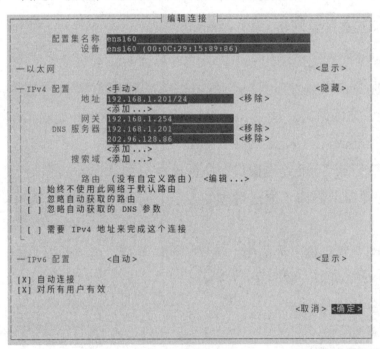

图 3.1.9　填写相关配置信息

步骤 5：单击"返回"按钮，返回如图 3.1.6 所示的"网络管理器"界面，选择"启用连接"选项，如图 3.1.10 所示，激活刚才的连接"ens160"，若连接前面标有符号"*"，则表示已激活，如图 3.1.11 所示。

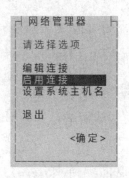
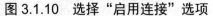

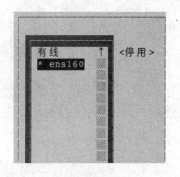

图3.1.10　选择"启用连接"选项　　　　图3.1.11　已激活连接"ens160"

步骤6：退出 nmtui 工具。

步骤7：查看网卡配置文件，确认配置是否被成功写入文件，如例 3.1.5 所示。

例 3.1.5：查看网卡配置文件

```
[root@kylin ~]# cat /etc/sysconfig/network-scripts/ifcfg-ens160
TYPE=Ethernet
……                    //此处省略部分内容
DEVICE=ens160
ONBOOT=yes
IPADDR=192.168.1.201
PREFIX=24
GATEWAY=192.168.1.254
DNS1=192.168.1.201
DNS2=202.96.128.86
[root@kylin ~]# ip addr|grep ens160            //查看 IP 地址
2: ens160: <BROADCAST,MULTICAST,UP,LOWER_UP> mtu 1500 qdisc mq state UP
group default qlen 1000
    inet  192.168.1.201/24  brd  192.168.1.255  scope  global  noprefixroute
ens160
```

虽然 nmtui 工具的操作界面不像图形界面那么清晰明了，但是在用户熟悉相关操作后，nmtui 是一个非常方便的网络配置工具。

5. 设置主机名

主机名就是计算机的名字，其在网络上具有唯一性。主机名用于在网络上识别独立的计算机（即使用户的计算机没有联网，也应该有一个主机名）。Kylin 操作系统的默认主机名为 localhost。

Kylin 操作系统有以下 3 种形式的主机名。

（1）静态的（static）：静态的主机名也称为内核主机名，是系统在启动时从/etc/hostname 自动初始化的主机名。

（2）瞬态的（transient）：瞬态的主机名是在系统运行时临时分配的主机名，由内核管理。例如，通过 DHCP 或 DNS 服务器分配的 localhost 就是这种形式的主机名。

（3）灵活的（pretty）：灵活的主机名是 UTF-8 格式的自由主机名，以展示给终端用户。与之前的版本不同，Kylin 操作系统中的主机配置文件为/etc/hostname，可以在该文件中直接更改主机名。

在 Kylin 操作系统中，可以使用 hostnamectl 命令（在后面项目中介绍）、nmtui 命令和 nmcli 命令来修改主机名。

1）使用 nmtui 命令修改主机名

步骤 1：在命令行或 Shell 终端窗口的命令提示符后，以 root 用户的身份执行 nmtui 命令即可进入"网络管理器"界面（见图 3.1.6）。

步骤 2：在"网络管理器"界面中，选择"设置系统主机名"选项并按 Enter 键，可以看到系统当前已有的主机名，如图 3.1.12 所示。

步骤 3：对主机名进行编辑操作，输入新的主机名"server.phei.com.cn"，并按 Enter 键，进入如图 3.1.13 所示的界面。

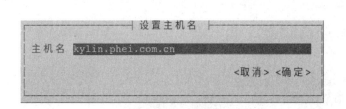

图 3.1.12　系统当前已有的主机名

图 3.1.13　确认系统主机名界面

步骤 4：在确认系统主机名界面中，直接按 Enter 键，返回"网络管理器"界面，在"退出"按钮处按 Enter 键，退出"网络管理器"界面。

步骤 5：在使用 nmtui 命令成功修改主机名后，可以使用 hostname 命令查看主机名是否正确，如例 3.1.6 所示。

例 3.1.6：使用 hostname 命令查看主机名

```
[root@kylin ~]#hostname                          //查看主机名
server.phei.com.cn
```

2）使用 nmcli 命令修改主机名

使用 nmcli 命令同样可以进行主机名的修改，如例 3.1.7 所示。

例 3.1.7：使用 nmcli 命令修改主机名

```
[root@kylin ~]# nmcli general hostname          //使用 nmcli 命令查询主机名
server.phei.com.cn
```

```
[root@kylin ~]# nmcli general hostname server1.phei.com.cn
[root@kylin ~]# bash
[root@server1 ~] #nmcli general hostname
Server1.phei.com.cn
```

6. 配置 DNS 地址

/etc/resolv.conf 文件用于在 DNS 客户端指定所使用的 DNS 服务器的相关信息。可以通过修改/etc/resolv.conf 文件的相关配置项，完成 DNS 客户端的配置，如例 3.1.8 所示。

例 3.1.8：DNS 客户端的配置

```
[root@kylin ~]# vim  /etc/resolv.conf
domain  phei.com.cn
search  phei.com.cn
nameserver 202.102.192.68
nameserver 202.102.192.69
```

该配置文件主要包括 domain、search 和 nameserver 这 3 个配置项，具体说明如下所示。

（1）domain：指定主机所在的网络域名，可以不设置。

（2）search：指定 DNS 服务器的域名搜索列表，最多可以指定 6 个，可以不设置。

（3）nameserver：设置 DNS 服务器的 IP 地址，最多可以设置 3 个，每个服务器的记录占一行。

7. 测试网络连通性

可以使用 ping 命令测试网络连通性。ping 命令的基本语法格式如下所示。

```
ping [选项] 目标主机名或 IP 地址
```

ping 命令的常用选项及其功能如表 3.1.3 所示。

表 3.1.3　ping 命令的常用选项及其功能

选　　项	功　　能
-c	表示数目，发送指定数量的 ICMP 数据包
-q	表示只显示结果，不显示传送封包信息
-R	表示记录路由过程

ping 命令通常用于进行网络可用性的检查。ping 命令可以对一个网络地址发送测试数据包，看该网络地址是否有响应并统计响应时间，以此测试网络。

📏 任务实施

（1）配置服务器计算机的主机名为 server.phei.com.cn，实施命令如下所示。

```
[root@ns1 ~]# nmcli general hostname server.phei.com.cn   //设置新的主机名
[root@ns1 ~]# bash                                        //立即生效
[root@server ~]# cat /etc/hostname
server.phei.com.cn
```

（2）配置服务器计算机的 IP 地址为 192.168.1.201、子网掩码为 255.255.255.0、网关地址为 192.168.1.254，实施命令如下所示。

```
[root@server ~]# nmcli con modify ens160 \   //使用"\"换行并继续输入
>ipv4.method manual \                        //配置指定的静态 IP 地址
>ipv4.addresses 192.168.1.201/24 \           //配置 IP 地址/子网掩码
>ipv4.gateway 192.168.1.254                  //配置网关地址
[root@server ~]# nmcli con up ens160         //若未启用 ens160 连接，则启用该连接
//由于完整的命令比较长，因此使用"\"将命令换行并继续输入。另外，modify 操作只是修改了网
卡配置文件，要想使配置生效，必须手动启用这些配置
```

（3）查看网卡配置信息，实施命令如下所示。

```
[root@kylin ~]# ip addr show ens160                 //查看 IP 地址
2: ens160: <BROADCAST,MULTICAST,UP,LOWER_UP> mtu 1500 qdisc fq_codel state
UP group default qlen 1000
    link/ether 00:0c:29:15:89:86 brd ff:ff:ff:ff:ff:ff
    inet 192.168.1.201/24 brd 192.168.1.255 scope global noprefixroute
ens160
      valid_lft forever preferred_lft forever
    inet6 fe80::29a0:bc4c:8430:63e3/64 scope link noprefixroute
      valid_lft forever preferred_lft forever
```

（4）配置服务器计算机的 DNS 地址为 192.168.1.201 和 202.96.128.86，实施命令如下所示。

```
[root@server ~]# vim /etc/resolv.conf
nameserver 192.168.1.201
nameserver 202.96.128.86
```

（5）配置客户端计算机的主机名、IP 地址和 DNS 地址等信息，可参考服务器的配置来完成，此处省略。

（6）使用 ping 命令测试连通性，实施命令如下所示。

```
[root@server ~]# ping 192.168.1.210
PING 192.168.1.210 (192.168.1.210) 56(84) bytes of data.
64 bytes from 192.168.1.210: icmp_seq=1 ttl=64 time=0.024 ms
64 bytes from 192.168.1.210: icmp_seq=2 ttl=64 time=0.033 ms
64 bytes from 192.168.1.210: icmp_seq=3 ttl=64 time=0.078 ms
64 bytes from 192.168.1.210: icmp_seq=4 ttl=64 time=0.043 ms
```

```
^C              //当没有任何选项时，会一直测试，可通过按 Ctrl+C 组合键停止
--- 192.168.1.210 ping statistics ---
4 packets transmitted, 4 received, 0% packet loss, time 2999ms
rtt min/avg/max/mdev = 0.024/0.044/0.078/0.021 ms
```

 任务小结

（1）在配置网络时，一定要保证有线网络是处于连接状态的。

（2）配置网络有 4 种方法，使用 nmcli 命令配置网络是需要重点掌握的方法。

任务 3.2　配置 SSH 服务器

 任务描述

Y 公司的信息中心有多台服务器，网络管理员小赵准备开启服务器的远程登录功能，实现远程安全管理信息中心的服务器。

 任务要求

Kylin 操作系统可通过开启 SSH 服务来实现安全远程登录。根据网络管理员小赵的环境描述正确配置 Kylin 操作系统的 SSH 服务，在网络可达的情况下即可通过 SSH 服务来实现安全远程登录。本任务的具体要求如下所示。

（1）将两台虚拟机的网络连接类型统一配置为仅主机模式。

（2）计算机名：server，角色为服务器，IP 地址/子网掩码为 192.168.1.201/24。

（3）计算机名：client，角色为客户机，IP 地址/子网掩码为 192.168.1.210/24。

（4）分别采用基于口令的验证和基于密钥的验证两种不同的验证方式来实现 SSH 远程登录。

1. SSH 的功能

SSH（Secure Shell）是一种能够以安全的方式提供远程登录功能的协议，也是目前远程管理 Kylin 操作系统的首选方式。在此之前，一般使用 FTP 或 Telnet 来进行远程登录。但是因为它们以明文的形式在网络中传输账户密码和数据信息，很容易遭受黑客发起的中间人攻击，所以很不安全，这体现在黑客轻则可以篡改传输的数据信息，重则可以直接抓取服务器的账户密码。

2．SSH 验证方式

若想使用 SSH 协议来远程管理 Kylin 操作系统，则需要部署和配置 sshd 服务程序。sshd 是基于 SSH 协议开发的一款远程管理服务程序，不仅使用起来方便快捷，而且提供了以下两种安全验证的方式。

（1）基于口令的验证：使用账号和密码来验证登录。在这种验证方式下，无须进行任何配置，用户就可以使用 SSH 服务器的账号和密码进行登录，其基本语法格式如下所示。

```
ssh [参数] 主机 IP 地址
```

（2）基于密钥的验证：需要先在本地生成密钥对，然后把密钥对中的公钥上传到服务器中，并与服务器中的公钥进行比较，该方式相对来说更安全。

密钥就是密文的钥匙，有私钥和公钥之分。在传输数据时，若担心数据被其他人监听或截获，则可以在传输前先使用公钥对数据进行加密处理，再进行传输。此时只有掌握私钥的用户才能解密这些数据，除此之外的其他人即使截获了这些数据，也很难将其破译为明文信息。所以，在生产环境中使用基于口令的验证方式始终存在被暴力破解或嗅探截获的风险。如果正确配置了基于密钥的验证方式，则 SSH 服务将更加安全。

3．SSH 配置文件

Kylin 操作系统中的一切操作对象都是文件，因此在 Kylin 操作系统中修改服务程序的运行参数，实际上就是修改程序配置文件。实现 SSH 服务的软件是 OpenSSH，OpenSSH 常用的配置文件为/etc/ssh/ssh_config 和/etc/ssh/sshd_config。其中，/etc/ssh/ssh_config 为客户端配置文件，/etc/ssh/sshd_config 为服务器端配置文件。运维人员一般会将存放主要配置信息的文件称为主配置文件，而配置文件中有许多以符号"#"开头的注释行，要想让修改的参数生效，就需要在修改参数后去掉前面的符号"#"。SSH 服务器端配置文件为 SSH 服务的主配置文件，该文件包含的重要参数及其作用如表 3.2.1 所示。

表 3.2.1　SSH 服务器端配置文件包含的重要参数及其作用

参　　数	作　　用
Port 22	默认的 SSH 服务端口
ListenAddress 0.0.0.0	设定 sshd 服务程序监听的 IP 地址
Protocol 2	SSH 协议的版本号
HostKey /etc/ssh/ssh_host_key	当 SSH 协议的版本号为 1 时，存放 DES 私钥的位置
HostKey /etc/ssh/ssh_host_rsa_key	当 SSH 协议的版本号为 2 时，存放 RSA 私钥的位置
HostKey /etc/ssh/ssh_host_dsa_key	当 SSH 协议的版本号为 2 时，存放 DSA 私钥的位置
PermitRootLogin yes	设定是否允许 root 用户直接登录
StrictModes yes	当远程用户的私钥发生改变时直接拒绝连接

参　　数	作　　用
MaxAuthTries 6	最大密码尝试次数
MaxSessions 10	最大终端数
PasswordAuthentication yes	是否允许密码验证
PermitEmptyPasswords no	是否允许空密码登录（很不安全）

4. SSH 服务相关软件包

在 Kylin 操作系统中，默认安装了 SSH 服务，且 SSH 服务使用的软件包名称为 openssh，可以使用 rpm 命令查看已经安装的 SSH 服务相关软件包，如例 3.2.1 所示。

例 3.2.1：查看已经安装的 SSH 服务相关软件包

```
[root@kylin ~]# rpm -qa|grep openssh
openssh-8.2p1-9.p03.ky10.x86_64
openssh-server-8.2p1-9.p03.ky10.x86_64              //服务器端主程序
openssh-clients-8.2p1-9.p03.ky10.x86_64            //客户端主程序
```

5. SSH 服务的启停命令

SSH 服务的后台守护进程是 sshd，因此，在启动、停止 SSH 服务和查看 SSH 服务状态时要以 sshd 为参数。SSH 服务的启停命令及其功能如表 3.2.2 所示。

表 3.2.2　SSH 服务的启停命令及其功能

SSH 服务的启停命令	功　　能
systemctl start sshd.service	启动 SSH 服务。sshd.service 可简写为 sshd，下同
systemctl restart sshd.service	重启 SSH 服务
systemctl stop sshd.service	停止 SSH 服务
systemctl reload sshd.service	重新加载 SSH 服务
systemctl status sshd.service	查看 SSH 服务状态
systemctl disable sshd.service	设置 SSH 服务为开机不自动启动
systemctl enable sshd.service	设置 SSH 服务为开机自动启动
systemctl list-unit-files|grep sshd.service	查看 SSH 服务是否为开机自动启动

任务实施

1. 实现基于口令的验证

（1）使用 ssh 命令远程连接服务器，实施命令如下所示。

```
[root@client ~]# ssh 192.168.1.201
The authenticity of host '192.168.1.201 (192.168.1.201)' can't be established.
```

```
ECDSA key fingerprint is SHA256:A7CQvVlm8QNKDLrMoEXTXY4Xx5qbzRO804oxEW2RVIc.
Are you sure you want to continue connecting (yes/no/[fingerprint])? yes
Warning: Permanently added '192.168.1.201' (ECDSA) to the list of known hosts.

Authorized users only. All activities may be monitored and reported.
root@192.168.1.201's password:            //此处输入远程主机 root 用户的密码

Authorized users only. All activities may be monitored and reported.
Web console: https://master:9090/

Last login: Sun Oct 22 09:05:32 2023 from 192.168.1.210
[root@server ~]# exit                     //退出远程连接
注销
Connection to 192.168.1.201 closed.
```

（2）禁止 root 用户远程登录服务器，可以大大降低被暴力破解密码的概率。下面进行相应配置。

步骤 1：在服务器 server 上，首先使用 vim 编辑器打开 SSH 服务的主配置文件 /etc/ssh/sshd_config，然后把第 37 行 "PermitRootLogin yes" 的参数值 "yes" 修改为 "no"，保存文件并退出，如下所示。

```
[root@server ~]#vim /etc/ssh/sshd_config
......         //此处省略部分信息
  35
  36 #LoginGraceTime 2m
  37 PermitRootLogin no
  38 #StrictModes yes
......         //此处省略部分信息
```

步骤 2：重启 SSH 服务和设置 SSH 服务为开机自动启动，如下所示。

```
[root@server ~]#systemctl restart sshd
[root@server ~]#systemctl enable sshd
```
//需要手动重启服务程序，让新配置文件生效。最好是将这个服务程序加入开机启动项，这样系统在下一次启动时，该服务程序就会自动运行，继续为用户提供服务

步骤 3：当 root 用户再次尝试访问 SSH 服务时，系统会提示不可访问的错误信息，如下所示。

```
[root@client ~]#ssh 192.168.1.201
root@192.168.1.201's password:                //此处输入远程主机 root 用户的密码
Permission denied, please try again.
```

2. 实现基于密钥的验证

下面使用基于密钥的验证方式，以 teacher 用户的身份登录 SSH 服务器，具体配置如下所示。

步骤 1：在服务器 server 上创建 teacher 用户，并自定义密码，如下所示。

```
[root@server ~]# useradd teacher
[root@server ~]# passwd teacher
更改用户 teacher 的密码。
新的密码：
重新输入新的密码：
passwd：所有的身份验证令牌已经成功更新。
```

步骤 2：在客户机 client 上生成密钥对，如下所示。

```
[root@client ~]# ssh-keygen
Generating public/private rsa key pair.
Enter file in which to save the key (/root/.ssh/id_rsa):
//按 Enter 键或设置密钥的存储路径
Enter passphrase (empty for no passphrase)://直接按 Enter 键或设置密钥的密码
Enter same passphrase again:                //再次按 Enter 键或设置密钥的密码
Your identification has been saved in /root/.ssh/id_rsa
Your public key has been saved in /root/.ssh/id_rsa.pub
The key fingerprint is:
SHA256:upP70KmiqrJz53Zj5bnZnYL+CIKM2QVYWY89L9lHv3w root@server.phei.com.cn
The key's randomart image is:
+---[RSA 3072]----+
|  .o.            |
| o. +            |
|. . . +  .       |
| . = . .         |
|   . o S . .     |
| = o  +.o . .    |
|o + . ++oo  o E  |
|o . +.*=++.. o   |
|*=.=.++**oo.o    |
+----[SHA256]-----+
```

步骤 3：把客户机 client 中生成的公钥文件传送到远程主机中，如下所示。

```
[root@client ~]# ssh-copy-id teacher@192.168.1.201
/usr/bin/ssh-copy-id: INFO: Source of key(s) to be installed:
```

```
"/root/.ssh/id_rsa.pub"
    /usr/bin/ssh-copy-id: INFO: attempting to log in with the new key(s), to
filter out any that are already installed
    /usr/bin/ssh-copy-id: INFO: 1 key(s) remain to be installed -- if you are
prompted now it is to install the new keys
    Authorized users only. All activities may be monitored and reported.
    teacher@192.168.1.201's password:
    Number of key(s) added: 1
    Now try logging into the machine, with:  "ssh 'teacher@192.168.1.201'"
    and check to make sure that only the key(s) you wanted were added.
```

步骤 4： 在服务器 server 上进行设置，将第 64 行的 "PasswordAuthentication yes" 修改为 "PasswordAuthentication no"，使其只允许基于密钥的验证方式，拒绝基于口令的验证方式。保存文件后退出并重启 sshd 服务程序，如下所示。

```
[root@server ~]# vim /etc/ssh/sshd_config
......      //此处省略部分内容
   61 # To disable tunneled clear text passwords, change to no here!
   62 #PasswordAuthentication yes
   63 #PermitEmptyPasswords no
   64 PasswordAuthentication no
......      //此处省略部分内容
[root@server ~]# systemctl restart sshd
[root@server ~]# systemctl enable sshd
```

步骤 5： 在客户机 client 上尝试使用 teacher 用户的身份远程登录服务器，此时无须输入密码也可以成功登录。同时，使用 ip addr 命令可以看到网卡的 IP 地址是 192.168.1.201，即服务器 server 网卡的 IP 地址，说明已经成功登录到远程服务器 server 上。

```
[root@client ~]# ssh teacher@192.168.1.201
Authorized users only. All activities may be monitored and reported.
Web console: https://master:9090/
[teacher@server ~]$ ip addr show ens160
2: ens160: <BROADCAST,MULTICAST,UP,LOWER_UP> mtu 1500 qdisc mq state UP
group default qlen 1000
    link/ether 00:0c:29:33:86:64 brd ff:ff:ff:ff:ff:ff
    inet 192.168.1.201/24 brd 192.168.1.255 scope global noprefixroute ens160
       valid_lft forever preferred_lft forever
    inet6 fe80::a4df:beb8:d59c:fd01/64 scope link noprefixroute
       valid_lft forever preferred_lft forever
```

步骤 6： 在服务器 server 上查看客户机 client 的公钥是否传送成功，如下所示。

```
[root@server ~]#cat /home/teacher/.ssh/authorized_keys
ssh-rsa
AAAAB3NzaC1yc2EAAAADAQABAAABgQC/Z/kPbbiFwoUp9ofnTJAymlp2KhyXe+aJsCif+SdHVUTy
SLkQRUqrkayCZByk4cuHrsvavi17VxnM0H9qeg20lSk3vkaSZxp7mqk+48NfwhsW/OI6oX4uUNOZ
CjRMZ2FmQxp44I4z6KDsMa5yf1nq9ZUUlV2DPcKS1uFIZIaS9hTJUZQGqRWVnc5lTL48gTK71GNY
0CU/OboYQ8hbaiuhSSPYedGNIOt9PrE7TXsCIhvl4zBdyuLKvk9rZIwgSveMQTAZVBbQhAGeuull
FDihTewpmQlNt3WkIJruVGIeNBDE+re4ZKGgA0YVE1TXyrned8u0ty7mFRB3MYIXFGi6O4gpwWEe
SA+PJRDbyYggLQvwgzA8xycxXwzQ+UPn8EVUcnBYFqRXTyL3ZZ7QNWqh3x1QaEf73szBlRk4C0/h
2g73Fc812suxKAb/t3m/UHF3Ffk3oxMV8HFMS0+a4s2EOi8MD7e1DcIBiFH9/0tG7GVUJ9/7XFHW
G08xyMxNt7M= root@client.phei.com.cn
```

🖋 任务小结

（1）在使用 SSH 服务远程管理 Kylin 操作系统时，有两种安全验证的方式，即基于口令的验证和基于密钥的验证。

（2）基于密钥的验证，需要在本地生成密钥对，该方式相对来说更安全。

软件包管理

● 项目描述

    Y 公司是一家拥有上百台服务器的电子商务运营公司。该公司的服务器管理员众多，而作为一名 Kylin 操作系统管理员，管理软件包是很常见的工作。

    在 Kylin 操作系统上安装软件的方法有很多，如果在 Kylin 操作系统上已经安装了 GUI（Graphic User Interface，图形用户界面），那么可以打开软件商店并选择自己需要的软件来安装；如果在 Kylin 操作系统上没有安装 GUI，那么只能通过文本界面安装软件。在大多数情况下，需要通过文本界面，也就是在命令行中安装所需软件。在命令行中安装软件的方式主要有 3 种：使用 rpm 命令安装软件，使用 yum 与 dnf 软件包管理器、通过源码编译安装软件。yum 与 dnf 软件包管理器会自动解析并安装依赖软件，而 dnf 软件包管理器克服了 yum 软件包管理器的一些瓶颈，提升了用户体验，以及内存占用、依赖分析及运行速度等多方面的性能，因此在条件允许的情况下应优先使用 dnf 软件包管理器。由于安装软件的方式不同，因此需要认识 RPM 软件包，掌握 rpm 命令管理软件包的常用操作；认识归档和压缩，掌握使用 tar、gzip 等命令并配合相关选项进行打包（压缩）及解包（解压缩）的方法；配置本地安装源，并使用 dnf 命令安装 FTP（File Transfer Protocol，文件传输协议）服务相关软件及 BIND 软件包。

    本项目主要介绍 RPM 软件包的管理，使用 tar、gzip 等命令对目录和文件进行归档、压缩、解压缩，以及 yum 与 dnf 软件包管理器等。

⭐ 知识目标

1. 了解 RPM 软件包和 tar 包的功能。
2. 了解压缩与解压缩的作用。
3. 掌握 dnf 配置文件。

能力目标

1. 熟练使用 rpm 命令安装 RPM 软件包。
2. 熟练使用 tar 命令对 tar 包进行归档和压缩。
3. 熟练使用 gzip、bzip2 和 xz 命令进行压缩。
4. 熟练使用 gunzip、bunzip2 和 unxz 命令进行解压缩。
5. 熟练配置本地 dnf 源，并进行软件安装。

素质目标

1. 培养读者具备防范盗版软件的意识，并提高读者的软件安全意识和知识产权保护意识。
2. 引导读者正确地安装软件和使用软件。
3. 引导读者合理地进行文件归档，安全地压缩和解压缩文件。

任务 4.1 管理 RPM 软件包、归档和压缩

任务描述

Y 公司的网络管理员小赵发现很多软件包是 RPM 软件包和源码包，现在小赵需要对某些 RPM 软件包和源码包进行安装，实现 Kylin 操作系统的一些其他功能。

任务要求

RPM 软件包可以为最终用户提供方便的软件包管理功能，主要包括安装、卸载、升级、查询等。执行这些任务的工具是 RPM。源码安装需要经历源代码的编译链接过程，而这项工作由最终用户完成。应用程序的编译安装一般是通过一系列的开发工具和脚本语言配合完成的，并不是一项非常复杂的工作。本任务的具体要求如下所示。

（1）使用 rpm 命令查询 vsftpd 软件包是否已安装。

（2）使用 rpm 命令，在已安装的软件包中查询包含关键字"httpd"的软件包是否已安装。

（3）使用 rpm 命令安装 vsftpd 软件包。

（4）使用 rpm 命令查询 vsftpd 软件包的描述信息。

（5）使用 rpm 命令升级 vsftpd 软件包。

（6）使用 rpm 命令删除已经安装的 vsftpd 软件包。

（7）使用 tar 命令打包 test1 目录和 file1 文件。

（8）使用 tar 命令将 1.tar 文件恢复到/home 目录下。

（9）使用 tar 命令将 file2 文件追加到 tar 包的结尾。

1. 认识 RPM 软件包

RPM（Red Hat Package Manager）是一个开放的软件包管理系统，最初是由 Red Hat 开发出来的。由于 RPM 很好用，因此很多系统发行版本都利用 RPM 来进行软件包的管理。Kylin 操作系统默认支持 RPM 软件包格式。

RPM 软件包主要是通过 rpm 命令来进行管理的。RPM 具有如下五大功能。

（1）安装：将软件从包中解压缩出来，并且安装到硬盘中。

（2）卸载：将软件从硬盘中清除。

（3）升级：替换软件的旧版本。

（4）查询：查询软件包的信息。

（5）验证：检验系统中的软件与包中的软件的区别。

2. RPM 软件包的名称格式

RPM 软件包的名称采用特有的格式，如某软件的 RPM 软件包的名称由如下部分组成。

```
name-version.system.type.rpm
```

（1）name：表示软件的名称。

（2）version：表示软件的版本号。

（3）system：表示适用的系统。

（4）type：表示适用的平台。

（5）rpm：表示文件扩展名。

RPM 软件包的名称如例 4.1.1 所示。

例 4.1.1：RPM 软件包的名称

```
gdm-3.30.1-9.p01.ky10.x86_64.rpm
```

具体内容如下所示。

name：软件的名称为 gdm。

version：软件的版本号为 3.30.1-9.p01.ky10。

system：适用的系统为 ky10。

type：该软件包支持的 CPU 架构为 x86_64。

rpm：文件扩展名为 rpm。

3. RPM 软件包

RPM 提供的众多功能使得维护系统比以往容易得多。安装、卸载和升级 RPM 软件包只需使用 rpm 命令即可完成。rpm 命令的基本语法格式如下所示。

```
rpm ［选项］软件包名称
```

rpm 命令的选项很多，配合不同的选项，可以产生不同的功能。rpm 命令的常用选项及其功能如表 4.1.1 所示。

表 4.1.1　rpm 命令的常用选项及其功能

选　　项	功　　能
-a	查询/验证所有的软件包
-c	列出所有的配置文件
-d	列出所有的程序文档
-e	清除（卸载）软件包
-f	查询/验证文件所属的软件包
-h	安装软件包时列出标记
-i	安装软件包
-l	列出软件包中的文件
-p	查询/验证一个软件包
-q	使用询问模式，当遇到任何问题时，rpm 命令会先询问用户
-s	显示列出文件的状态
-U	升级软件包
-v	提供更多的详细信息输出
-vv	详细显示命令的执行过程，便于排错
--test	安装测试，并不实际安装
--nodeps	忽略软件包的依赖关系，强行安装或卸载
--force	忽略软件包及文件的冲突，强行安装

4. 认识归档和压缩

归档就是人们常说的"打包"，是指将一组相同属性的文件或目录组合到一个文件中。由于归档文件没有经过压缩，因此这个文件占用的存储空间是原来目录和文件的总和。压缩是指通过某些算法，将文件或目录尺寸进行相应的缩小，同时不损失文件的内容，以减少其占用的存储空间。

在 Kylin 操作系统中，最常用的归档命令是 tar。tar 命令除了用于归档，还可以用于从归档文件中还原所需源文件，即"展开"归档文件，也就是归档的反过程。归档文件通常以".tar"

作为文件扩展名，又称 tar 包。

在实际工作中，通常配合其他压缩命令（如 bzip2 或 gzip）来实现对 tar 包的压缩或解压缩。tar 命令内置了相应的选项，可以直接调用相应的压缩/解压缩命令，以实现对 tar 包的压缩或解压缩。

5．管理 tar 包

tar 命令在 Kylin 操作系统中是常用的打包、压缩、解压缩工具。通过网络下载的很多源码安装包是.tar.gz 或者.tar.bz2 格式的，要想安装相应软件，必须先掌握 tar 命令的使用方法。tar 命令的基本语法格式如下所示。

```
tar [选项] 目标文件路径及名称 源目录路径文件名
```

tar 命令的选项和参数非常多，但常用的只有几个。tar 命令的常用选项及其功能如表 4.1.2 所示。

表 4.1.2　tar 命令的常用选项及其功能

选　　项	功　　能
-c	创建一个新的打包文件（和-x、-t 选项不能同时使用）
-r	将文件追加到打包文件的结尾
-f	指定打包文件名
-v	显示归档的详细过程
-x	从归档文件中展开打包文件
-t	在不解压缩的情况下，查看打包文件的内容
-C	指定打包文件的解压缩目录
-j	使用 bzip2 命令来压缩/解压缩文件。在打包时使用该选项可以将文件压缩，但在对文件进行解压缩还原时一定还要使用该选项
-z	使用 gzip 命令来压缩/解压缩文件，用法与-j 选项的同法相同

tar 命令非常灵活，只要使用合适的选项指明文件的格式，就可以同时进行打包和压缩操作，或者同时进行解压缩和展开打包文件的操作。tar 命令的基本用法如例 4.1.2 所示。

例 4.1.2： tar 命令的基本用法

```
[root@kylin ~]# ls
1. tar anaconda-ks.cfg file1 file2 initial-setup-ks.cfg test1
[root@kylin ~]# tar -zcf f1.tar.gz file1 file2
                            //结合使用-z 和-c 选项，压缩 f1.tar.gz 文件
[root@kylin ~]# ls f1.tar.gz
f1.tar.gz
[root@kylin ~]# tar -zxf f1.tar.gz -C /tmp
```

```
                                    //结合使用-z 和-x 选项，解压缩 f1.tar.gz 文件
[root@kylin ~]# ls /tmp/file1 /tmp/file2
/tmp/file1  /tmp/file2
[root@kylin ~]# tar -jcf f1.tar.bz2 file1 file2
                                    //结合使用-j 和-c 选项，压缩 f1.tar.bz2 文件
[root@kylin ~]# ls f1.tar.bz2
f1.tar.bz2
[root@kylin ~]# tar -jxf f1.tar.bz2 -C /var
                                    //结合使用-j 和-x 选项，解压缩 f1.tar.bz2 文件
[root@kylin ~]# ls /var/file1 /var/file2
/var/file1  /var/file2
```

6. 压缩与解压缩

在 Kylin 操作系统中，可以对打包文件进行压缩或解压缩操作。gzip、bzip2 和 xz 是 Kylin 操作系统中常用的压缩命令；而 gunzip、bunzip2 和 unxz 是对应的解压缩命令。

1）gzip 与 gunzip 命令

gzip 命令用于对文件进行压缩操作，生成的压缩文件以 ".gz" 结尾，而 gunzip 命令用于对以 ".gz" 结尾的文件进行解压缩操作。gzip 命令的基本用法如例 4.1.3 所示。

例 4.1.3：gzip 命令的基本用法

```
[root@kylin ~]# ls f1.tar.gz
f1.tar.gz
[root@kylin ~]# rm -rf f1.tar.gz
[root@kylin ~]# gzip f1.tar                    //压缩 f1.tar.gz 文件
[root@kylin ~]# ls f1.tar.gz
f1.tar.gz
[root@kylin ~]# gunzip f1.tar.gz               //或者使用 gzip -d 1.tar.gz 命令
[root@kylin ~]# ls 1.tar
1.tar
```

2）bzip2 与 bunzip2 命令

bzip2 命令所实现的文件压缩程度比 gzip 命令所实现的高，且压缩用时较长。bzip2 命令采用 "bzip2+文件名" 的形式进行压缩，且在压缩时，原来的文件默认会被删除，可以使用 -k 选项保留原来的文件，如例 4.1.4 所示。

例 4.1.4：bzip2 命令的基本用法

```
[root@kylin ~]# touch file3 file4
[root@kylin ~]# ls file3 file4
```

```
file3  file4
[root@kylin ~]# bzip2 file3
[root@kylin ~]# ls file3 file3.bz2
ls: 无法访问 file3：没有该文件或目录
file3.bz2
[root@kylin ~]# bzip2 -k file4                    //使用-k 选项保留原来的文件
[root@kylin ~]# ls file4 file4.bz2
file4  file4.bz2
```

bunzip2 命令采用“bunzip2+压缩文件”的形式进行解压缩，如例 4.1.5 所示。

例 4.1.5：bunzip2 命令的基本用法

```
[root@kylin ~]# bunzip2 file3.bz2
[root@kylin ~]#ls file3
file3
```

3）xz 与 unxz 命令

xz 命令所实现的文件压缩程度很高，压缩速度也很快，适合用于备份各种数据。xz 命令使用“xz+文件名”的形式进行压缩，且在压缩时，原来的文件默认会被删除，可以使用-k 选项保留原来的文件，如例 4.1.6 所示。

例 4.1.6：xz 命令的基本用法

```
[root@kylin ~]# ls file3 file4
file3  file4
[root@kylin ~]# xz file3
[root@kylin ~]# ls file3 file3.xz
ls: 无法访问 file3：没有该文件或目录
file3.xz
[root@kylin ~]# xz -k file4                       //使用-k 选项保留原来的文件
[root@kylin ~]# ls file4 file4.xz
file4  file4.xz
```

unxz 命令采用“unxz+压缩文件”的形式进行解压缩，如例 4.1.7 所示。

例 4.1.7：unxz 命令的基本用法

```
[root@kylin ~]# unxz file3.xz
[root@kylin ~]# ls file3
file3
```

任务实施

（1）使用 rpm 命令查询 vsftpd 软件包是否已安装，实施命令如下所示。

```
[root@kylin ~]# rpm -q vsftpd                     //查询 vsftpd 软件包是否已安装
未安装软件包 vsftpd                                 //查询结果提示未安装软件包
```

（2）使用 rpm 命令在已安装的软件包中查询包含关键字"httpd"的软件包是否已安装，实施命令如下所示。

```
[root@kylin ~]# rpm -qa|grep httpd
//在已安装的软件包中查询包含关键字"httpd"的软件包是否已安装
```

（3）使用 rpm 命令安装 vsftpd 软件包，实施步骤如下所示。

步骤 1：将安装映像放入虚拟机光驱，可参考任务 1.2 完成。

步骤 2：使用 mount 命令挂载光盘，将目录切换到相应的 RPM 软件包所在目录下，实施命令如下所示。

```
[root@kylin ~]# mount /dev/cdrom /mnt             //挂载光盘
[root@kylin ~]#cd /mnt/Packages                   //进入软件包所在目录
```

步骤 3：安装 vsftpd 软件包，实施命令如下所示。

```
[root@kylin Packages]# rpm -ivh vsftpd-help-3.0.3-31.ky10.x86_64.rpm
警告：vsftpd-help-3.0.3-31.ky10.x86_64.rpm: 头 V4 RSA/SHA1 Signature, 密钥 ID
7a486d9f: NOKEY
Verifying...                    ################################# [100%]
准备中...                        ################################# [100%]
正在升级/安装...
   1:vsftpd-help-3.0.3-31.ky10   ################################# [100%]
//由于 vsftpd 软件包依赖 vsftpd-help 软件包，因此需要先安装 vsftpd-help 软件包
[root@kylin Packages]# rpm -ivh vsftpd-3.0.3-31.ky10.x86_64.rpm
警告：vsftpd-3.0.3-31.ky10.x86_64.rpm: 头 V4 RSA/SHA1 Signature, 密钥 ID
7a486d9f: NOKEY
Verifying...                    ################################# [100%]
准备中...                        ################################# [100%]
正在升级/安装...
   1:vsftpd-3.0.3-31.ky10        ################################# [100%]
//-i 选项表示安装指定软件包
//-v 选项表示显示详细的安装信息
//-h 选项表示在安装过程中通过"#"来显示安装进度
```

（4）使用 rpm 命令查询 vsftpd 软件包的描述信息，实施命令如下所示。

```
[root@kylin Packages]# rpm -qi vsftpd             //查看 vsftpd 软件包的描述信息
Name           : vsftpd
```

```
     Version    : 3.0.3
     Release    : 31.ky10
     Architecture: x86_64
     Install Date: 2023 年 10 月 17 日 星期二 06 时 07 分 21 秒
     Group      : Unspecified
     Size       : 213906
     License    : GPLv2 with exceptions
     Signature  : RSA/SHA1，2021 年 03 月 17 日 星期三 00 时 26 分 39 秒，Key ID
41f8aebe7a486d9f
     Source RPM : vsftpd-3.0.3-31.ky10.src.rpm
     Build Date : 2021 年 03 月 06 日 星期六 22 时 56 分 15 秒
     Build Host : localhost.localdomain
     Packager   : Kylin Linux
     Vendor     : KylinSoft
     URL        : https://security.appspot.com/vsftpd.html
     Summary    : It is a secure FTP server for Unix-like systems
     Description :
     Vsftpd, (or very secure FTP daemon), is an FTP server for Unix-like systems,
including Linux.
     It is licensed under the GNU General Public License. It supports IPv6 and SSL.
Vsftpd supports explicit (since 2.0.0) and implicit (since 2.1.0) FTPS.
```

小提示

在安装系统光盘内的软件包时，应当先挂载光盘，再将目录切换到相应的 RPM 软件包所在目录下，才可以安装。本例挂载和切换目录的命令如下所示。

```
[root@kylin ~]# mount -t iso9660 /dev/cdrom /mnt //-t iso9660 可省略
[root@kylin ~]# cd /mnt/Packages
```

在安装 RPM 软件包时，可能会遇到软件包依赖问题。有时一个软件包的安装会依赖其他软件包，只有在其依赖的软件包被安装完成后，才能继续安装该软件包。虽然可以通过--nodeps 选项来强制安装，但是不能保证一定可以安装完成，最好还是先安装完相应的依赖软件包再安装所需软件包。

（5）使用 rpm 命令升级 vsftpd 软件包，实施命令如下所示。

```
[root@kylin Packages]# rpm -Uvh vsftpd-3.0.3-31.ky10.x86_64.rpm
警告：vsftpd-3.0.3-31.ky10.x86_64.rpm: 头 V4 RSA/SHA1 Signature，密钥 ID
7a486d9f: NOKEY
Verifying...                          ################################# [100%]
准备中...                             ################################# [100%]
```

软件包 vsftpd-3.0.3-31.ky10.x86_64 已经安装

//如果要将系统中已经安装的某个软件包升级到较高版本，则可以采用升级安装的方法实现。系统会自动卸载旧版本，并安装新版本。若无旧版本，则会直接安装新版本。升级一般使用-U选项，同样也可以配合使用 v、h 选项

（6）使用 rpm 命令删除已经安装的 vsftpd 软件包，实施命令如下所示。

```
[root@kylin ~]#rpm -e vsftpd        //删除 vsftpd 软件包
```

（7）使用 tar 命令打包 test1 目录和 file1 文件，实施命令如下所示。

```
[root@kylin ~]#mkdir test1
[root@kylin ~]#touch file1
[root@kylin ~]#ls
anaconda-ks.cfg file1 test1
[root@kylin ~]#tar -cvf 1.tar test1 file1
test1/
file1
[root@kylin ~]#ls
1.tar anaconda-ks.cfg file1 test1
[root@kylin ~]#tar -tf 1.tar
test1/
file1
```

（8）使用 tar 命令将 1.tar 文件恢复到/home 目录下，实施命令如下所示。

```
[root@kylin ~]#tar -xf 1.tar -C /home
[root@kylin ~]#ls -d /home/test1 /home/file1
/home/file1  /home/test1
```
//从打包文件中恢复原来的文件时只需以-x选项代替-C选项即可

（9）使用 tar 命令将 file2 文件追加到 tar 包的结尾，实施命令如下所示。

```
[root@kylin ~]#touch file2
[root@kylin ~]# tar -rf 1.tar file2
[root@kylin ~]# tar -tf 1.tar
test1/
file1
file2
```
//如果要将一个文件追加到 tar 包的结尾，则需要使用-r 选项

任务小结

（1）RPM 具有五大功能，包括安装、卸载、升级、查询和验证。

（2）Kylin 操作系统的很多源码安装包是 ".tar.gz" 或 ".tar.bz2" 格式的，所以掌握 tar 命令的使用方法是非常重要的。

 任务 4.2　yum 与 dnf 软件包管理器

任务描述

Y 公司的网络管理员小赵在学习了 RPM 软件包的管理方法后，发现了一个让他十分头疼的问题——RPM 软件包之间存在着依赖关系，这使得小赵无法顺利地安装需要的软件包。

任务要求

使用 yum 和 dnf 软件包管理器可以进一步降低软件的安装难度和复杂度。yum 和 dnf 是功能强大的软件包管理器，会自动计算软件包之间的依赖关系，并判断哪些软件应该安装，哪些软件无须安装。使用 yum 和 dnf 软件包管理器可以方便地进行软件的安装、查询、更新、移除等，并且命令简洁又好记。本任务的具体要求如下所示。

（1）使用 ISO 映像文件创建本地 yum 仓库。

（2）使用 dnf 软件包管理器安装 httpd 软件包。

1. 认识 yum 软件包管理器

在 Kylin 操作系统的运维过程中，令管理员头疼的问题就是软件包之间的依赖关系。例如，在安装 A 软件时，系统往往会在编译时提示我们在安装 A 软件之前需要安装 B 软件，而在安装 B 软件时，系统又提示我们需要安装 C 库，当我们好不容易安装好 C 库后，又发现安装版本不合适等。出于历史原因，RPM 对软件包之间的依赖关系没有进行内部定义，从而造成在安装 RPM 时经常出现令人无法解决的软件包依赖问题。yum 软件包管理器就是为了进一步降低软件安装难度和复杂度而设计的技术。

目前，yum 软件包管理器是 Red Hat 和 Fedora 操作系统上默认安装的。yum 是 Yellow dog Updater, Modified 的简称，是一个在 Red Hat（含 Fedora 和 CentOS）及 Kylin 操作系统中的 Shell 前端软件包管理器。yum 软件包管理器基于 RPM 软件包的管理，能够从指定的服务器自动下载 RPM 软件包并安装，可以自动处理软件包依赖关系，并且一次性安装所有依赖的软件包，无须烦琐地一次次下载、安装。yum 提供了查询、安装、移除某一个或一组甚至全部软件包的命令，并且命令简洁又好记。

yum 软件包管理器可以自动解决软件包的依赖问题；可以方便地添加、移除、更新 RPM 软件包，管理大量系统的更新问题；可以同时配置多个资源库，并简捷地修改配置文件（/etc/yum.conf）；可以保持与 RPM 数据库的一致性；有一个比较详细的 log 日志文件，可以查看何时升级、安装了什么软件包等；使用方便，是 Red Hat Enterprise Linux、CentOS 和 Kylin 操作系统自带的工具，因此它能使用官方的软件源，完成官方发布的各种升级，对第三方软件源提供很好的支持。

2. 本地 yum 仓库的配置

由于软件包是通过 yum 仓库获得的，因此在使用 yum 软件包管理器之前需要先配置好软件源，用来指明 yum 仓库的配置。软件源可以是本地源，也可以是远程的 FTP 服务器或 HTTP 服务器等。在 Kylin 操作系统中，yum 软件源配置文件统一都被存放在/etc/yum.repo.d/目录下，这个目录中自带了默认的下载源文件 kylin_x86_64.repo。用户可以自定义下载源文件，需要注意的是，下载源文件必须以 ".repo" 结尾。yum 软件源配置文件如例 4.2.1 所示。

例 4.2.1：yum 软件源配置文件

```
[root@kylin ~]# ls /etc/yum.repos.d/
kylin_x86_64.repo
```

在配置本地 yum 仓库时，仓库内的软件均来自本地安装光盘。使用 vim 命令创建 yum 本地源配置文件，指向本地 yum 仓库，即本地安装光盘，将系统自带的 yum 源改名。配置本地 yum 仓库如例 4.2.2 所示。

例 4.2.2：配置本地 yum 仓库

```
[root@kylin ~]# mkdir /mnt/dvd                          //创建挂载点
[root@kylin ~]# mount /dev/cdrom /mnt/dvd               //将光盘挂载到/mnt/dvd 目录下
mount: /mnt/dvd: WARNING: device write-protected, mounted read-only.
[root@kylin ~]#vim /etc/yum.repos.d/local.repo //指向本地 yum 仓库
[ks10-adv-os]                                          //yum 仓库名称
name = Kylin Linux Advanced Server 10                  //yum 仓库描述
baseurl = file:///mnt/dvd                              //本地 yum 仓库路径，使用 file 协议
gpgcheck = 0              //是否通过 GPG 公钥证书验证软件包的完整性，1 表示使用，0 表示不使用
gpgkey=file:///etc/pki/rpm-gpg/RPM-GPG-KEY-kylin
enabled = 1                                    //是否启用 yum 本地源，1 表示开启，0 表示关闭
[root@kylin ~]# cd /etc/yum.repos.d/
[root@kylin yum.repos.d]# mv kylin_x86_64.repo kylin_x86_64.repo.bak
//使用 mv 命令将系统自带的 yum 源改名，使用 local.repo 本地源
```

3. 认识 dnf 软件包管理器

使用 dnf 软件包管理器可以安装或升级 RPM 软件包，并自动处理软件包的依赖关系和要

求。dnf 命令可以用于从服务器上下载软件包，也可以用于创建软件库。与传统的 yum 命令相比，dnf 命令在功能和性能方面有了重大改进。dnf 命令还带来了许多新功能，包括对模块化内容的支持，以及更稳定和完善的 API（Application Program Interface，应用程序界面）。在使用 dnf 命令编辑或创建配置文件时，dnf 与 yum v3 兼容，所以可以采用类似于在早期版本中使用 yum 命令的方式来使用 dnf 命令及其所有选项。Kylin 操作系统自带的 yum 命令是 dnf 命令的符号链接。yum 和 dnf 命令是完全可以互相替换的。

dnf 命令的基本语法格式如下所示。

```
dnf  [选项] 操作  [软件包或软件包组名称]
```

dnf 命令的常用选项及其功能如表 4.2.1 所示。

表 4.2.1   dnf 命令的常用选项及其功能

选　　项	功　　能
-y	表示执行非交互式安装，在安装过程中的提示全部选择为 YES
-q	不显示安装的过程

常见的 dnf 命令及其作用如表 4.2.2 所示。

表 4.2.2   常见的 dnf 命令及其作用

命　　令	作　　用
dnf repolist all	列出所有仓库
dnf list all	列出仓库中的所有软件包
dnf info 软件包名称	查看软件包信息
dnf install 软件包名称	安装软件包
dnf reinstall 软件包名称	重新安装软件包
dnf update 软件包名称	升级软件包
dnf remove 软件包名称	移除软件包
dnf clean all	清除所有仓库缓存
dnf check-update	检查可更新的软件包
dnf grouplist	查看系统中已经安装的软件包组
dnf groupinstall 软件包组	安装指定的软件包组
dnf groupremove 软件包组	移除指定的软件包组
dnf groupinfo 软件包组	查询指定的软件包组信息

4．dnf 命令的基本操作

使用 dnf list 命令可以列出资源库中特定的可以安装或更新的，以及已经安装的 RPM 软件包，如例 4.2.3 所示。

例 4.2.3：dnf list 命令的基本用法

```
[root@kylin ~]#dnf list gcc                              //列出名称为 gcc 的包
上次元数据过期检查：1:12:32 前，执行于 2023 年 10 月 21 日 星期六 22 时 57 分 40 秒。
已安装的软件包
gcc.x86_64              7.3.0-20190804.35.p02.ky10              @anaconda
```

使用 dnf info 命令可以列出特定的可以安装或更新的，以及已经安装的 RPM 软件包的信息，如例 4.2.4 所示。

例 4.2.4：dnf info 命令的基本用法

```
[root@kylin ~]#dnf info gcc                              //列出 gcc 包的信息
上次元数据过期检查：1:13:39 前，执行于 2023 年 10 月 21 日 星期六 22 时 57 分 40 秒。
已安装的软件包
Name          : gcc
Version       : 7.3.0
发布          : 20190804.35.p02.ky10
Architecture  : x86_64
Size          : 50 M
源            : gcc-7.3.0-20190804.35.p02.ky10.src.rpm
Repository    : @System
来自仓库      : anaconda
Summary       : Various compilers (C, C++, Objective-C, Java, ...)
协议          : GPLv3+ and GPLv3+ with exceptions and GPLv2+ with
exceptions and LGPLv2+ and BSD
Description   : The gcc package contains the GNU Compiler Collection
version 7.
              : You'll need this package in order to compile C code.
```

使用 dnf install 命令可以安装指定的软件包，如例 4.2.5 所示。

例 4.2.5：dnf install 命令的基本用法

```
[root@kylin ~]#dnf install -y vsftpd                     //安装 vsftpd 软件包
上次元数据过期检查：1:14:51 前，执行于 2023 年 10 月 21 日 星期六 22 时 57 分 40 秒。
依赖关系解决。
================================================================
 Package     Architecture      Version          Repository        Size
================================================================
安装：
vsftpd       x86_64            3.0.3-31.ky10    ks10-adv-os        90 k
安装依赖关系：
vsftpd-help x86_64            3.0.3-31.ky10    ks10-adv-os        68 k
```

```
事务概要
=======================================================================

安装   2 软件包


总计：158 k
安装大小：339 k
下载软件包：
运行事务检查
事务检查成功。
运行事务测试
事务测试成功。
运行事务
  准备中  :                                                          1/1
  安装    : vsftpd-help-3.0.3-31.ky10.x86_64                          1/2
  安装    : vsftpd-3.0.3-31.ky10.x86_64                               2/2
  运行脚本: vsftpd-3.0.3-31.ky10.x86_64                               2/2
  验证    : vsftpd-3.0.3-31.ky10.x86_64                               1/2
  验证    : vsftpd-help-3.0.3-31.ky10.x86_64                          2/2


已安装：
  vsftpd-3.0.3-31.ky10.x86_64            vsftpd-help-3.0.3-31.ky10.x86_64


完毕！
```

使用 dnf remove 命令可以移除软件包及与该软件包有依赖关系的软件包，如例 4.2.6 所示。

例 4.2.6：dnf remove 命令的基本用法

```
[root@kylin ~]#dnf remove -y vsftpd                    //移除 vsftpd 软件包
依赖关系解决。

=======================================================================
 Package       Architecture      Version           Repository         Size
=======================================================================
移除：
 vsftpd        x86_64            3.0.3-31.ky10      @ks10-adv-os       209 k
清除未被使用的依赖关系：
 vsftpd-help   x86_64            3.0.3-31.ky10      @ks10-adv-os       130 k


事务概要

=======================================================================
```

```
移除   2 软件包

将会释放空间：339 k
运行事务检查
事务检查成功。
运行事务测试
事务测试成功。
运行事务
  准备中   :                                                                1/1
  运行脚本  : vsftpd-3.0.3-31.ky10.x86_64                                    1/1
  运行脚本  : vsftpd-3.0.3-31.ky10.x86_64                                    1/2
  删除     : vsftpd-3.0.3-31.ky10.x86_64                                     1/2
  运行脚本  : vsftpd-3.0.3-31.ky10.x86_64                                    1/2
  删除     : vsftpd-3.0.3-31.ky10.x86_64                                     1/2
  运行脚本: vsftpd-help-3.0.3-31.ky10.x86_64                                 2/2
  验证     : vsftpd-3.0.3-31.ky10.x86_64                                     1/2
  验证     : vsftpd-help-3.0.3-31.ky10.x86_64                                2/2

已移除：
  vsftpd-3.0.3-31.ky10.x86_64           vsftpd-help-3.0.3-31.ky10.x86_64

完毕！
```

任务实施

（1）使用 ISO 映像文件创建本地 yum 仓库，实施步骤如下所示。

步骤 1：将安装映像放入虚拟机光驱，可参考任务 1.2 完成。

步骤 2：创建一个合适的挂载点，并挂载 DVD 映像文件。实施命令如下所示。

```
[root@kylin ~]# mkdir /mnt/dvd
[root@kylin ~]# mount /dev/cdrom /mnt/dvd   //将 DVD 映射文件挂载到/mnt/dvd 目录下
 mount: /mnt/dvd: WARNING: device write-protected, mounted read-only.
```

步骤 3：在/etc/fstab 文件中添加一行文字，实施命令如下所示。

```
/dev/cdrom            /mnt/dvd              iso9660 defaults       0 0
//便于系统在重新引导后自动加载映像文件
```

步骤 4：在/etc/yum.repos.d/目录下，创建一个 yum 本地源 local.repo，将本地安装光盘指向 yum 本地源，将系统自带的 yum 源改名，实施命令如下所示。

```
[root@kylin ~]#vim /etc/yum.repos.d/local.repo
[local]
name = Kylin local
baseurl = file:///mnt/dvd
gpgcheck = 0                                                    /
gpgkey=file:///etc/pki/rpm-gpg/RPM-GPG-KEY-kylin
enabled = 1
[root@kylin ~]# cd /etc/yum.repos.d/
[root@kylin yum.repos.d]# mv kylin_x86_64.repo kylin_x86_64.repo.bak
```

步骤 5：清除缓存，重新测试，实施命令如下所示。

```
[root@kylin ~]#dnf clean all
0 文件已删除
```

步骤 6：查看新建的本地仓库是否启用。实施命令如下所示。

```
[root@kylin ~]#dnf repolist all
仓库标识                      仓库名称                              状态
local                        Kylin local                          启用
```

（2）使用 dnf 软件包管理器安装 httpd 软件包，实施命令如下所示。

```
[root@kylin ~]#dnf install -y httpd
......                                        //此处省略部分内容


事务概要
====================================================================
安装  7 软件包

总计：4.0 M
安装大小：13 M
下载软件包：
运行事务检查
事务检查成功。
运行事务测试
事务测试成功。
运行事务
......                                        //此处省略部分内容
已安装：
apr-1.7.0-2.ky10.x86_64                apr-util-1.6.1-12.ky10.x86_64
httpd-2.4.43-4.p03.ky10.x86_64  httpd-filesystem-2.4.43-4.p03.ky10.noarch
httpd-help-2.4.43-4.p03.ky10.noarch  httpd-tools-2.4.43-4.p03.ky10.x86_64
```

```
mod_http2-1.15.13-1.ky10.x86_64
```

完毕!

小提示

　　本例中 VMware 虚拟机的光驱使用的是 ISO 映像文件，因此非常方便。如果用户在工作环境中使用的不是 ISO 映像文件而是物理光驱，那么将光盘中的内容复制到 Kylin 本地目录下会更加方便。

任务小结

　　（1）yum 与 dnf 软件包管理器可以自动处理软件包之间的依赖关系，功能强大，使用起来非常方便。

　　（2）dnf 软件包管理器是下一代的 yum 软件包管理器，这里推荐使用 dnf 软件包管理器，其速度比 yum 软件包管理器要快很多。

项目5

系统初始化与进程管理

● **项目描述**

    Y 公司是一家拥有上百台服务器的电子商务运营公司。该公司的管理员众多,而作为一名 Kylin 操作系统管理员,了解系统的初始化与进程管理是非常重要的工作。

    系统初始化是实现操作系统控制的第一步,也是体现操作系统优劣的重要环节。了解 Kylin 操作系统的初始化,以及系统启动和执行的过程,对于进一步掌握 Kylin 操作系统,解决相关启动问题是十分有帮助的。

    进程是程序在计算机中的一次运行活动,也是系统进行资源分配和调度的基本单位。只要运行程序,就会启动进程。Kylin 操作系统在创建新的进程时,会为其指定一个唯一的编号,即 PID(Process ID,进程号),并以此区分不同的进程。通过进程管理,用户可以了解系统执行的状态及各程序占用资源的多少等情况,并以此判断系统的运行是否正常。

    本项目主要介绍 Kylin 操作系统的初始化过程,查看和管理进程的方法,包括启用进程、停止进程及任务调度的方法等。

⭐ **知识目标**

1. 掌握系统服务的基本概念及作用。
2. 掌握进程的基本概念及作用。
3. 掌握系统管理相关命令的功能。
4. 了解在各版本系统中进行系统管理的区别。

⭐ **能力目标**

1. 使用进程管理命令实现进程管理。
2. 能够熟练使用 systemctl 相关命令。

3. 能够熟练使用 at 和 cron 命令进行任务调度。

 素质目标

1. 培养读者具备系统性思维、任务的整体观和全局观。
2. 引导读者学会任务的分解，具备并行处理思维，养成合理规划任务的习惯。
3. 培养读者具备严谨、细致的工作态度和职业素养。

任务 5.1　系统初始化

任务描述

Y 公司购置了服务器并安装了 Kylin 操作系统，现网络管理员小赵需要了解系统初始化的完整过程、管理服务器后台运行的应用程序并进行高效的进程管理。

任务要求

小赵在系统维护过程中，需要经常查看服务器在启动时遇到的问题、查看服务进程等。这些操作对于网络管理员来说是非常有必要进行的，具体要求如下所示。

（1）查看 Kylin 服务器当前的默认执行级别。

（2）将多用户的图形界面切换为文本界面。

（3）设置 Kylin 服务器的默认执行级别为文本界面。

（4）查看 Kylin 服务器的启动时间。

（5）修改 Kylin 服务器的主机名为 ns1。

（6）将 Kylin 服务器的当前时区修改为 Asia/Beijing（亚洲/北京）。

（7）将 Kylin 服务器的键盘布局修改为 en。

（8）查看 Kylin 服务器的当前登录用户。

（9）查看 Kylin 服务器的本地系统设置信息。

1．认识系统初始化

系统初始化可分为两个阶段：引导和启动。引导阶段是从开机到内核完成初始化的过程，会执行 systemd 进程；启动阶段会在基本环境已经设置好的基础上，创建用户终端，显示用户登录界面。

引导阶段的过程如下：启动 POST（Power On Self Test，加电自检）→读取 BIOS（Basic Input Output System，基本输入输出系统）→加载对应引导盘上的 MBR（Master Boot Record，主引导记录）→主引导记录装载其 BootLoader→Kernel（内核）初始化→挂载 initrd（Kylin 操作系统的初始 RAM 磁盘，是在系统引导过程中挂载的一个临时根文件系统）→加载 systemd 进程。

引导阶段的具体描述如下所示。

当打开计算机电源，听到"嘀"的一声时，系统进入引导阶段。首先检测计算机的硬件设备是否存在故障，如 CPU、内存、显卡、主板等。如果存在故障，那么系统会停机或者给出报警信息；如果没有故障，那么系统会完成自检任务。在完成自检任务后，系统会读取 BIOS，并按照 BIOS 中设置的引导顺序启动设备，若检测通过，则加载对应引导盘上的 MBR，这时系统会根据启动区的引导加载程序 BootLoader 开始执行核心识别任务。GRUB（GRand Unified BootLoader）是一个用于寻找操作系统 Kernel 并将其加载到内存中的智能程序。GRUB 在读取完成后，将选定的 Kernel 加载到内存中，这时 Kernel 文件将自行解压缩，且一旦 Kernel 自行解压缩完成，就会加载 systemd 进程，并将控制权转移到 systemd 进程中，标志着引导阶段完毕。

启动阶段紧随引导阶段之后，该阶段主要通过 systemd 进程挂载、访问配置文件，使 Kylin 操作系统进入可操作状态，并能够执行功能性任务。

2. systemd 进程

Kylin 操作系统采用的是 systemd 进程服务，因此没有"运行级别"这个概念。Kylin 操作系统在启动时需要进行大量的初始化工作，如挂载文件系统和交换分区、启动各类进程服务等，这些初始化工作可以被看作一个个的单元（Unit）。systemd 进程用目标（target）代替了 System V init 运行级别的概念，System V init 运行级别与 systemd 目标的区别及作用如表 5.1.1 所示。

表 5.1.1　System V init 运行级别与 systemd 目标的区别及作用

区　别		作　用
System V init 运行级别	systemd 目标	
0	Runlevel0.target,poweroff.target	关机
1	Runlevel1.target,rescue.target	单用户模式
2	Runlevel2.target,multi-user.target	等同于级别 3
3	Runlevel3.target,multi-user.target	多用户的文本界面
4	Runlevel4.target,multi-user.target	等同于级别 3
5	Runlevel5.target,graphical.target	多用户的图形界面
6	Runlevel6.target,reboot.target	重启
emergency	Emergency.target	紧急 Shell

如果要将系统默认的运行目标修改为"多用户，无图形"模式，那么可以直接使用 ln 命令将"多用户，无图形"模式的目标文件链接到/etc/systemd/system/目录下或者使用 set-default 命令设置，并且可以使用 get-default 命令获取当前默认的运行目标，如例 5.1.1 所示。

例 5.1.1：将系统默认的运行目标修改为"多用户，无图形"模式

```
[root@bogon ~]#cd /lib/systemd/system
[root@bogon ~]#ln -sf multi-user.target /etc/systemd/system/default.target
```

或

```
[root@bogon ~]#systemctl set-default graphical.target
[root@bogon ~]#systemctl get-default
graphical.target
```

3. systemd 服务控制

服务控制就是管理 Linux 后台运行的应用程序，用户在 Linux 操作系统中进行操作时，不可避免地会涉及对服务的控制。

systemd 是 Linux 操作系统和服务的管理器，是后台服务系统中 PID 为 1 的进程，其功能不仅包括启动系统，还包括接管后台服务、状态查询、日志归档、设备管理、电源管理、定时任务管理等，且支持由特定事件（如插入特定 USB 设备）和特定接口数据触发的 on-demand（按需）任务。systemd 进程的优点是功能强大、使用方便，缺点是体系庞大、非常复杂。

systemd 进程对应的进程管理命令是 systemctl，用于取代 service 和 chkconfig 命令。systemctl 命令主要用于管理 Linux 操作系统中的各种服务，其基本语法格式如下所示。

```
systemctl [选项] 命令 [名称]
```

其中，"命令"主要包括 status（查看状态）、start（开启）、stop（关闭）、restart（重启）、enable（开启开机自动启动）、disable（禁止开机自动启动）等。

在 Kylin 操作系统中，使用 systemd 进程来管理服务。表 5.1.2 和表 5.1.3 所示为 service 和 chkconfig 命令与 systemctl 命令的对比，在后续项目中会经常用到这些命令。这里以常用的 SSH 服务的 sshd 服务程序为例。

表 5.1.2　service 命令与 systemctl 命令的对比

对　　比		作　　用
service 命令	systemctl 命令	
service sshd start	systemctl start sshd.service	启动服务
service sshd restart	systemctl restart sshd.service	重启服务
service sshd stop	systemctl stop sshd.service	停止服务
service sshd reload	systemctl reload sshd.service	重新加载配置文件（不终止服务）
service sshd status	systemctl status sshd.service	查看服务状态

表 5.1.3　chkconfig 命令与 systemctl 命令的对比

对　比		作　用
chkconfig 命令	systemctl 命令	
chkconfig sshd on	systemctl enable sshd.service	开机自动启动
chkconfig sshd off	systemctl disable sshd.service	开机不自动启动
chkconfig sshd	systemctl is-enabled sshd.service	查看特定服务是否为开机自动启动
chkconfig --list	systemctl list-unit-files －type=service	查看各个级别下服务的启动与禁用情况

Kylin 操作系统提供了 systemctl 命令来管理网络服务。systemctl 命令的基本用法如例 5.1.2 所示。

例 5.1.2：systemctl 命令的基本用法

```
[root@bogon ~]#systemctl status sshd        //查看 sshd 服务程序的状态
sshd.service - OpenSSH server daemon
Loaded: loaded (/usr/lib/systemd/system/sshd.service; enabled; vendor
preset: enabled)
Active: active (running) since 五 2020-12-25 20:59:00 CST; 1 weeks 5
days ago
Docs: man:sshd(8)
        man:sshd_config(5)
  Main PID: 1020 (sshd)
  CGroup: /system.slice/sshd.service
        └─1020 /usr/sbin/sshd -D
//命令返回结果如下：
//active（running）表示有一个或多个程序正在系统中执行
//atcive（exited）表示仅执行一次就正常结束的服务，目前没有任何程序在系统中执行
//atcive（waiting）表示程序正在执行，还在等待其他事件
//inactive（dead）表示服务关闭
//enabled 表示服务开机自动启动
//disabled 表示服务开机不自动启动
//static 表示服务开机启动项不可被管理
//failed 表示系统配置错误
```

4．常用 systemd 命令

除了 systemctl 命令，systemd 进程还提供了一些其他命令，如 systemd-analyze、hostnamectl 及 localectl 等。了解和掌握这些常用命令，对于系统管理员来说是非常必要的。

1）systemd-analyze 命令

systemd-analyze 命令用于分析系统启动时的性能，其基本语法格式如下所示。

```
systemd-analyze [选项] 子命令
```

systemd-analyze 命令的常用选项及其功能如表 5.1.4 所示。

表 5.1.4　systemd-analyze 命令的常用选项及其功能

选　　项	功　　能
--user	在用户级别上查询 systemd 实例
--system	在系统级别上查询 systemd 实例

与 systemctl 命令一样，systemd-analyze 命令也提供了一些子命令，systemd-analyze 命令的子命令及其功能如表 5.1.5 所示。

表 5.1.5　systemd-analyze 命令的子命令及其功能

子　命　令	功　　能
time	输出系统启动时间，该命令为默认命令
blame	按照占用时间长短的顺序输出所有正在运行的单元。该命令通常用于优化系统，缩短启动时间
critical-chain	以树状形式输出单元的启动链，并以红色标注延时较长的单元
plot	以 SVG 图像的格式输出服务在什么时间启动及使用了多长时间
dot	输出单元依赖图
dump	输出详细的、可读的服务状态

systemd-analyze 命令的基本用法如例 5.1.3 所示。

例 5.1.3：systemd-analyze 命令的基本用法

```
[root@bogon ~]#systemd-analyze time            //输出系统启动时间
Startup finished in 986ms(kernel)+1.905s(initrd)+7.286s(userspace)= 10.178s
graphical.target reached after 7.267s in userspace
```

2）hostnamectl 命令

使用 hostnamectl 命令可以查看或者修改主机名，并将其直接写入/etc/hostname 文件中，如例 5.1.4 所示。

例 5.1.4：使用 hostnamectl 命令修改主机名

```
[root@bogon ~]#hostname
bogon
[root@bogon ~]#hostnamectl set-hostname server.phei.com.cn  //修改主机名
[root@bogon ~]#bash                                          //立即生效
[root@server ~]#cat /etc/hostname
server.phei.com.cn
```

3）localectl 命令

使用 localectl 命令可以查看或修改当前系统的区域和键盘布局。在计算机中，区域一般至少包括语言和地区两部分。

使用不加任何参数和选项的 localectl 命令会输出当前系统的区域信息，如例 5.1.5 所示。

例 5.1.5：使用 localectl 命令输出和修改当前系统的区域信息

```
[root@server ~]#localectl                          //查询当前系统的区域信息
   System Locale: LANG=zh_CN.UTF-8
      VC Keymap: cn
     X11 Layout: cn
[root@server ~]#localectl set-locale LANG=en_GB.UTF-8
                                   //将当前系统区域设置为 en_GB.UTF-8
[root@server ~]#localectl
   System Locale: LANG=en_GB.UTF-8
      VC Keymap: cn
     X11 Layout: cn
```

4）timedatectl 命令

使用 timedatectl 命令可以查看或者修改当前的系统日期、时间的详细信息和时区设置等，如例 5.1.6 所示。

例 5.1.6：使用 timedatectl 命令查看和修改当前系统的时区

```
[root@server ~]# timedatectl
           Local time: 一 2022-10-24 00:04:42 CST
        Universal time:日 2022-10-23 16:04:42 UTC
           RTC time: 日 2022-10-23 16:04:42
              Time zone: Asia/Shanghai (CST, +0800)
 System clock synchronized: no
           NTP service: inactive
       RTC in local TZ: no
[root@server ~]# timedatectl set-timezone Asia/Chongqing
                   //上面的命令将当前系统的时区设置为亚洲/重庆
```

5）loginctl 命令

使用 loginctl 命令可以查看当前登录的用户，其基本语法格式如下所示。

```
loginctl  子命令
```

loginctl 命令提供了一些常用的子命令。loginctl 命令的常用子命令及其功能如表 5.1.6 所示。

表 5.1.6　loginctl 命令的常用子命令及其功能

子　命　令	功　　能
list-users	列出当前系统中的用户及其 ID
show-user	列出某个用户的详细信息

loginctl 命令的基本用法如例 5.1.7 所示。

例 5.1.7：loginctl 命令的基本用法

```
[root@server ~]# loginctl
SESSION   UID       USER   SEAT   TTY
    2     0         root   seat0
    4     0         root   seat0  tty2
    6     0         root
3 sessions listed.
//上面的输出结果包括会话 ID、用户 ID、登录名等信息
```

使用 list-users 子命令可以简单地列出当前系统中的用户及其 ID，如例 5.1.8 所示。

例 5.1.8：loginctl 命令的基本用法——列出当前系统中的用户及其 ID

```
[root@server ~]# loginctl list-users
UID    USER
 0     root

1 users listed.
```

如果要进一步了解某个用户的详细信息，那么可以使用 show-user 子命令，如例 5.1.9 所示。

例 5.1.9：loginctl 命令的基本用法——列出某个用户的详细信息

```
[root@server ~]# loginctl show-user root
UID=0
GID=0
Name=root
Timestamp=Mon 2023-10-16 21:02:39 CST
TimestampMonotonic=59090120
RuntimePath=/run/user/0
Service=user@0.service
Slice=user-0.slice
Display=2
State=active
Sessions=6 4 2
IdleHint=no
```

```
IdleSinceHint=0
IdleSinceHintMonotonic=0
Linger=no
```

小提示

使用 loginctl 命令所列出的仅仅是当前已登录用户，而非所有的系统用户。

任务实施

（1）查看 Kylin 服务器当前的默认执行级别，实施命令如下所示。

```
[root@server ~]# systemctl get-default
graphical.target
```

（2）将多用户的图形界面切换为文本界面，实施命令如下所示。

```
[root@server ~]# systemctl isolate multi-user.target
                    //临时切换为文本界面，计算机重启后恢复默认启动图形界面
[root@server ~]# systemctl get-default
graphical.target
```

（3）设置 Kylin 服务器的默认执行级别为文本界面，实施命令如下所示。

```
[root@server ~]# systemctl set-default multi-user.target
[root@server ~]# systemctl get-default
multi-user.target
```

（4）查看 Kylin 服务器的启动时间，实施命令如下所示。

```
[root@server ~]# systemd-analyze
Startup finished in 1.171s (kernel) + 1.755s (initrd) + 4.980s (userspace)
= 7.907s
multi-user.target reached after 19.697s in userspace
```

（5）修改 Kylin 服务器的主机名为 ns1，实施命令如下所示。

```
[root@server ~]# hostnamectl set-hostname ns1.phei.com.cn
[root@server ~]# bash
[root@ns1 ~]#cat /etc/hostname
ns1.phei.com.cn
```

（6）将 Kylin 服务器的当前时区修改为 Asia/Beijing（亚洲/北京）。

```
[root@ns1 ~]# timedatectl set-timezone Asia/Beijing
[root@ns1 ~]# timedatectl|grep zone
```

```
                      Time zone: Asia/Beijing (CST, +0800)
```

（7）将 Kylin 服务器的键盘布局修改为 en，实施命令如下所示。

```
[root@ns1 ~]# localectl
   System Locale: LANG=zh_CN.UTF-8
      VC Keymap: cn                          //当前 VC 没有设定键盘布局
     X11 Layout: cn                          //X11 界面设定的键盘布局为 cn
[root@ns1 ~]# localectl set-keymap en        //设定 VC 键盘布局为 en
[root@ns1 ~]# localectl
   System Locale: LANG=zh_CN.UTF-8
      VC Keymap: en                          //当前 VC 键盘布局为 en
     X11 Layout: cn
```

（8）查看 Kylin 服务器的当前登录用户，实施命令如下所示。

```
[root@ns1 ~]# loginctl
SESSION UID  USER    SEAT      TTY
     2   0   root    seat0     tty2


1 sessions listed.
```

（9）查看 Kylin 服务器的本地系统设置信息，实施命令如下所示。

```
[root@ns1 ~]# localectl
   System Locale: LANG=zh_CN.UTF-8          //查看系统本地化信息和系统语言
      VC Keymap: en
     X11 Layout: cn
```

🗡 任务小结

（1）了解系统初始化的执行过程，对于进一步掌握 Kylin 操作系统，解决相关启动问题是很有帮助的。

（2）systemd 为系统的启动和管理提供了一套完整的解决方案。注意，systemd 不仅是初始化进程，它还包含许多其他的功能模块。

 ## 任务5.2 进程管理

🗡 任务描述

Y 公司的网络管理员小赵在日常管理工作中，需要经常查看系统的进程并进行管理；定制不同运行级别下自动启动的服务和进程；根据工作要求设置系统在某个时间点执行特定的命令或进程，以减轻维护工作量。

任务要求

使用 Kylin 操作系统可以有效地管理和跟踪进程。在 Kylin 操作系统中，启动、停止、终止及恢复进程的过程称为进程管理。Kylin 操作系统提供了许多命令，可以让用户高效地管理进程。具体要求如下所示。

（1）查看 tomcat 进程，并结束整个进程。

（2）查询 user1 用户的进程。

（3）使用 vim 编辑器编辑 1.txt 文件，按 Ctrl+Z 组合键将 vim 进程挂起，切换至后台，查看后台作业，再将后台作业切换回前台。

（4）设置在 2022 年 12 月 31 日 23 点 59 分时向所有登录用户发送信息"Happy New Year!"。

（5）设置 user1 用户在每周星期一、星期三早上 4 点将/home/user1 目录下的所有文件压缩至/bak 目录下，并命名为 user1.tar.gz。

1. 认识进程

进程由程序产生，但进程不是程序。进程与程序的区别为：程序是一系列命令的集合，是静态的，可以长期保存；进程是程序运行一次的过程，是动态的，只能短暂存在，它动态地产生、变化和消亡。

进程具有独立性、动态性与并发性的特点，并且具有自己的生命周期和各种不同的状态。

2. 进程的状态

操作系统通常将进程分为 3 种基本状态。

1）就绪状态

当进程被分配到除 CPU 以外的所有必要资源后，只要再获得 CPU，就可以立即执行，此时进程的状态称为就绪状态。在一个系统中，处于就绪状态的进程可能有很多个，通常将它们排成一个队列，即就绪队列。

2）执行状态

进程获得 CPU 后，正在执行的状态称为执行状态。在单处理器系统中，只能有一个进程处于执行状态；在多处理器系统中，允许有多个进程处于执行状态。

3）阻塞状态

正在执行的进程因发生某事件而暂时无法继续执行时，就会处于阻塞状态，有时也称为等待状态、封锁状态。导致进程阻塞的典型事件有 I/O 请求、申请缓冲空间等。通常也将这种处于阻塞状态的进程排成一个队列。有的系统还会根据阻塞原因的不同，将处于阻塞状态的进程排成多个队列。

对于处于就绪状态的进程，在调度程序为其分配 CPU 后，该进程即可执行，相应地，该进程会由就绪状态转为执行状态。正在执行的进程也称为当前进程，如果因分配给该进程的时间已用完而暂停执行，那么该进程会由执行状态回到就绪状态；如果因发生某事件而使该进程的执行受阻（例如，进程请求访问某临界资源，而该资源正被其他进程访问），无法继续执行，那么该进程会由执行状态转为阻塞状态。

3. 进程的优先级

在 Kylin 操作系统中，进程的优先级对于系统的性能和响应时间来说至关重要。进程的优先级决定了该进程在系统资源分配中所占的比例。哪些进程先执行，哪些进程后执行，都由进程的优先级来控制。因此，配置进程的优先级对多任务环境的 Linux 操作系统很有用，有利于更好地管理和优化系统的性能。

4. 进程管理类命令

在 Kylin 操作系统中，启动、停止、终止及恢复进程的过程称为进程管理。Kylin 提供了许多命令来查看、管理系统进程，可以让用户高效地管理进程。下面介绍几个常用的进程管理类命令。

1）ps 命令

ps 命令用于查看当前系统进程的执行情况，其基本语法格式如下所示。

```
ps [选项]
```

ps 命令是最常用的监控进程的命令，使用此命令可以查看系统中所有运行进程的详细信息。ps 命令的常用选项及其功能如表 5.2.1 所示。

表 5.2.1 ps 命令的常用选项及其功能

选　　项	功　　能
-A -e	显示当前控制终端的所有进程
-u userlist	显示进程的用户名和启动时间等信息
-t n	显示第 n 个终端进程

续表

选　　项	功　　能
-f	按完整格式显示进程信息
-l	按长格式显示进程信息
-w	按宽格式显示进程信息

ps 命令的基本用法如例 5.2.1 所示。

例 5.2.1：ps 命令的基本用法

```
[root@ns1 ~]#ps -f -u root
UID        PID    PPID  C STIME  TTY          TIME    CMD
root         2       0  0 19:47  ?         00:00:00   [kthreadd]
root         3       2  0 19:47  ?         00:00:00   [ksoftirqd/0]
root         5       2  0 19:47  ?         00:00:00   [kworker/0:0H]
root         7       2  0 19:47  ?         00:00:00   [migration/0]
root         8       2  0 19:47  ?         00:00:00   [rcu_bh]
root         9       2  0 19:47  ?         00:00:01   [rcu_sched]
root        10       2  0 19:47  ?         00:00:00   [watchdog/0]
......
```

2）top 命令

ps 命令可以一次性显示出当前系统中的进程状态，但是所得到的信息缺乏时效性，而 top 命令可以动态地持续监听进程的运行状态。top 命令的基本语法格式如下所示。

```
top [选项]
```

top 命令除了可以显示每个进程的详细信息，还可以显示系统硬件资源的占用情况。top 命令的常用选项及其功能如表 5.2.2 所示。

表 5.2.2　top 命令的常用选项及其功能

选　　项	功　　能
-d	指定 top 命令每隔几秒执行刷新操作，默认为 3 秒
-n	指定 top 命令结束执行前执行的最大次数
-u	仅监视指定用户的进程
-p	仅查看指定 PID 的进程

top 命令的基本用法如例 5.2.2 所示。

例 5.2.2：top 命令的基本用法

```
[root@ns1 ~]#top -d 15 -o PID       //每15秒刷新一次，并且按照 PID 排序
//以下是系统资源汇总信息
top - 20:56:45 up 6:23,  4 users,  load average: 0.34, 0.21, 0.21
```

```
Tasks: 184 total,   2 running, 182 sleeping,   0 stopped,   0 zombie
%Cpu(s):  3.0 us,  3.0 sy,  0.0 ni, 93.9 id,0.0 wa,0.0 hi,  0.0 si,  0.0 st
MiB Mem :  1785.4 total,   738.0 free,   326.0 used,   721.3 buff/cache
MiB Swap:  2076.0 total,  2074.2 free,     1.8 used.  1298.6 avail Mem
//以下是进程详细信息
  PID USER      PR  NI    VIRT    RES    SHR S  %CPU  %MEM     TIME+ COMMAND
1024107 root   20   0  275212   4644   4016 R   0.0   0.3   0:00.00 top
1024106 root   20   0  217084    928    860 S   0.0   0.1   0:00.00 sleep
1024083 root   20   0  224720   3548   3200 S   0.0   0.2   0:00.00 bash
1023677 root   20   0  217084    940    872 S   0.0   0.1   0:00.00 sleep
1023613 root   20   0  275784   4876   3724 S   0.0   0.3   0:00.03 top
1023482 root   20   0   40484   4964   4432 S   0.0   0.3   0:00.00 sftp-server
1023463 root   20   0   40484   4880   4348 S   0.0   0.3   0:00.00 sftp-server
1023444 root   20   0   40484   5004   4472 S   0.0   0.3   0:00.00 sftp-server
1023425 root   20   0   40484   4880   4348 S   0.0   0.3   0:00.00 sftp-server
1023406 root   20   0   40484   4952   4420 S   0.0   0.3   0:00.00 sftp-server
1023387 root   20   0   47264   4944   4416 S   0.0   0.3   0:00.00 sftp-server
1023386 root   20   0  163852   6304   4984 S   0.0   0.3   0:00.00 sshd
1023350 root   20   0  239460   6076   4100 S   0.0   0.3   0:00.02 bash
1023349 root   20   0  163852  10532   9216 S   0.0   0.6   0:00.02 sshd
1023319 root   20   0  237352   5624   3756 S   0.0   0.3   0:00.02 bash
1023318 root   20   0  164204   6700   5088 S   0.0   0.4   0:00.12 sshd
```

3）前台及后台进程切换

在命令的尾部输入符号"&"，可以将命令放入后台执行，而不影响终端窗口的操作，如例 5.2.3 所示。

例 5.2.3：后台运行命令

```
[root@ns1 ~]#history &              //将 history 命令放入后台执行
[1] 75198                           //显示任务号和进程号
  1 ls                              //显示 history 命令的输出结果
  2 cd
  3 history &
[1]+  完成             history      //history 命令在后台执行完毕
```

jobs 命令用于显示任务列表及任务状态，包括后台运行的任务。bg 命令用于使后台暂停执行的进程重新进入执行状态。fg 命令用于将后台的进程恢复到前台继续执行。jobs、bg 及 fg 命令的基本用法如例 5.2.4 所示。

例 5.2.4：jobs、bg 及 fg 命令的基本用法

```
[root@ns1 ~]#sleep 30 &          //sleep 命令进入后台工作
```

```
[1] 130409
[root@ns1 ~]#sleep 40              //按 Ctrl+Z 组合键，使命令进入后台并暂停执行
^Z
[2]+  已停止            sleep 40
[root@ns1 ~]#jobs -l              //查询放入后台的工作
[1]- 130409 运行中         sleep 30 &
[2]+ 130525 停止          sleep 40
[root@ns1 ~]#bg 2                //使 2 号作业进入执行状态
[2]+ sleep 40 &
[root@ns1 ~]#jobs -l              //可以看到，1 号和 2 号作业都在运行中
[1]- 130409 运行中         sleep 30 &
[2]+ 130525 运行中         sleep 40 &
[root@ns1 ~]#fg 2                //使 2 号作业进入前台工作
sleep 40
```

4）kill 命令

kill 命令会向操作系统内核发送一个信号（大多是终止信号）和目标进程的 PID，之后操作系统内核会根据收到的信号类型，对指定进程进行相应的操作。kill 命令的基本语法格式如下所示。

```
kill [选项] pid
```

kill 命令的常用选项及其功能如表 5.2.3 所示。

表 5.2.3 kill 命令的常用选项及其功能

选　　项	功　　能
-l	查看信号及编号
-a	当处理当前进程时，不限制命令名和 PID 的对应关系
-p	指定 kill 命令只打印相关进程的 PID，而不发送任何信号
-s	指定发送信号
-u	指定用户

使用 kill -l 命令可以列出所有可用信号，而最常用的 3 种信号如下所示。

（1）1（HUP）：重新加载进程。

（2）9（KILL）：杀死一个进程。

（3）15（TERM）：正常停止一个进程。

kill 命令的基本用法如例 5.2.5 所示。

例 5.2.5：kill 命令的基本用法

```
[root@ns1 ~]#sleep 60 &
[1] 60776
```

```
[root@ns1 ~]#kill -9 60776                              //-9 表示彻底杀死进程
[root@ns1 ~]#kill -9 60776
-bash: kill: (60776) - 没有那个进程
[1]+  已杀死                    sleep 60
```

5）free 命令

free 命令用于查看系统内存状态，包括可用和已用的物理内存、交换内存及内核缓冲区内存。free 命令的基本语法格式如下所示。

```
free [选项]
```

free 命令的常用选项及其功能如表 5.2.4 所示。

表 5.2.4　free 命令的常用选项及其功能

选　项	功　能
-b	以 B 为单位显示结果
-k	以 KB 为单位显示结果
-m	以 MB 为单位显示结果
-g	以 GB 为单位显示结果
-h	以方便阅读的单位显示结果

使用不带参数的 free 命令查看系统内存状态，如例 5.2.6 所示。

例 5.2.6：free 命令的基本用法——不带参数查看系统内存状态

```
[root@ns1 ~]#free
              total        used        free      shared  buff/cache   available
Mem:        1828236      316916      788440        8644      722880     1346784
Swap:       2125820        1828     2123992
```

使用带参数的 free 命令查看系统内存状态，如例 5.2.7 所示。

例 5.2.7：free 命令的基本用法——带参数查看系统内存状态

```
[root@ns1 ~]#free -m
              total        used        free      shared  buff/cache   available
Mem:           1785         309         769           8         706        1315
Swap:          2075           1        2074
[root@ns1 ~]#free -h
              total        used        free      shared  buff/cache   available
Mem:           1.7Gi       310Mi       768Mi       8.0Mi       706Mi        1.3Gi
Swap:          2.0Gi       1.0Mi       2.0Gi
```

6）nice 命令

nice 命令用于调整进程的优先级。优先级的数值称为 niceness 值，共有 40 个等级，从 -20

（最高优先级）到 19（最低优先级）。数值越小，优先级越高；数值越大，优先级越低。需要注意的是，只有 root 用户才有权限调整−20～19 范围内的优先级，普通用户只能调整 0～19 范围内的优先级。nice 命令的基本语法格式如下所示。

```
nice [选项] 命令
```

nice 命令的常用选项及其功能如表 5.2.5 所示。

表 5.2.5　nice 命令的常用选项及其功能

选　　项	功　　能
-n	将原有优先级增加，默认值为 10
--version	显示版本信息并退出

nice 命令的基本用法如例 5.2.8 所示。

例 5.2.8：nice 命令的基本用法

```
[root@ns1 ~]#nice -n -10 vi&   //设置 vi 进程的 niceness 值为-10，提高优先级
[1] 2805709
[root@ns1 ~]#ps -l
F S   UID     PID    PPID  C PRI  NI ADDR SZ WCHAN  TTY          TIME CMD
0 S     0 2289500 2289497  0  80   0 - 59338 -      pts/0    00:00:00 bash
4 T     0 2805709 2289500  0  70 -10 - 58852 -      pts/0    00:00:00 vi
4 R     0 2805825 2289500  0  80   0 - 63824 -      pts/0    00:00:00 ps
//NI 字段表示进程的 niceness 值，PRI 字段表示进程当前的总优先级，若 NI 为-10，则 PRI 由
默认值 80 变为 70，其数值越小，优先级越高
```

7）renice 命令

renice 命令与 nice 命令的功能一样，都用于改变进程的 niceness 值。它们之间的区别在于 nice 命令修改的是即将执行的进程，而 renice 命令修改的是正在执行的进程。renice 命令的基本语法格式如下所示。

```
renice 优先级数值 选项
```

renice 命令的常用选项及其功能如表 5.2.6 所示。

表 5.2.6　renice 命令的常用选项及其功能

选　　项	功　　能
-b	以 B 为单位显示结果
-k	以 KB 为单位显示结果
-m	以 MB 为单位显示结果
-g	以 GB 为单位显示结果
-h	以方便阅读的单位显示结果

renice 命令的基本用法如例 5.2.9 所示。

例 5.2.9：renice 命令的基本用法

```
[root@master ~]#nice -n -10 vi&
[1] 2805709
[root@master ~]#ps -l
F S   UID      PID     PPID   C PRI  NI ADDR SZ WCHAN  TTY          TIME CMD
0 S     0 2289500 2289497  0  80   0   - 59338 -      pts/0    00:00:00 bash
4 T     0 2805709 2289500  0  70  -10  - 58852 -      pts/0    00:00:00 vi
4 R     0 2805825 2289500  0  80   0   - 63824 -      pts/0    00:00:00 ps

[1]+  已停止              nice -n -10 vi
[root@master ~]#renice -5 -p 2805709
2805709 (process ID) 旧优先级为 -10，新优先级为 -5
[root@ns1 ~]#ps -l
F S   UID      PID     PPID   C PRI  NI ADDR SZ WCHAN  TTY          TIME CMD
0 S     0 2289500 2289497  0  80   0 - 59375 -        pts/0    00:00:00 bash
4 T     0 2805709 2289500  0  75  -5 - 58852 -        pts/0    00:00:00 vi
4 R     0 2807835 2289500  0  80   0 - 63824 -        pts/0    00:00:00 ps
```

5. 周期性任务调度

与 Windows 操作系统中的用户可以设置计划任务一样，Linux 操作系统中的用户也可以设置计划任务，让系统能够定期执行或者在指定的时间执行一些进程。可以通过 crontab 和 at 这两条命令来实现这些功能。

1）cron 服务和 crontab 命令

cron 是 Linux 操作系统中用于周期性地执行某个任务或等待处理某些事件的一个服务，与 Windows 操作系统下的计划任务类似。当安装完 Linux 操作系统后，默认会安装 cron 服务，并且会自动启动 cron 服务。cron 服务每分钟会定期检查 Linux 操作系统是否有要执行的任务，若有，则自动执行该任务。

cron 服务的后台守护进程是 crond，因此，在启动、停止 cron 服务和查询 cron 服务状态时要以 crond 作为参数。

（1）crontab 文件。

Linux 操作系统下的任务调度分为两类：系统任务调度和用户任务调度（某个用户定期执行的任务调度）。其中，系统任务调度是指系统周期性执行的任务，如将缓存数据写入磁盘、日志清理等。在/etc/目录下，有一个 crontab 文件，它是系统任务调度的配置文件。

crontab 文件的含义如下所示。

在用户创建的 crontab 文件中，每行代表一个任务，每行的每个字段代表一项设置，它分为 6 个字段，前 5 个字段是时间设置字段，第 6 个字段是要执行的命令字段，格式如下所示。

```
* * * * * 命令
```

crontab 文件前 5 个 "*" 的含义如表 5.2.7 所示。

表 5.2.7　crontab 文件前 5 个 "*" 的含义

第 1 个*	第 2 个*	第 3 个*	第 4 个*	第 5 个*
分钟 (0～59)	小时 (0～23)	日期 (1～31)	月份 (1～12)	星期 (0～6)

crontab 文件内容如例 5.2.10 所示。

例 5.2.10：crontab 文件内容

```
[root@ns1 ~]#cat /etc/crontab
SHELL=/bin/bash
PATH=/sbin:/bin:/usr/sbin:/usr/bin
MAILTO=root


# For details see man 4 crontabs


# Example of job definition:
# .------------------ minute (0 - 59)
# | .-------------- hour (0 - 23)
# | | .---------- day of month (1 - 31)
# | | | .------- month (1 - 12) OR jan,feb,mar,apr ...
# | | | | .---- day of week (0 - 6) (Sunday=0 or 7) OR sun,mon,tue,wed,
thu,fri,sat
# | | | | |
# * * * * * user-name  command to be executed
```

关于 crontab 文件，需要注意以下几点。

• 所有字段不能为空，各字段之间用空格分隔。

• 若不指定字段内容，则需要输入 "*" 通配符，表示全部。例如，在日期字段的位置输入 "*"，表示每天都执行。

• 可以使用 "-" 表示一段时间，例如，在日期字段的位置输入 "6-9"，则每个月的 6—9 日都要执行指定的命令。

• 当不是连续的日期或者时间可以用 "," 分隔时，例如，在日期字段的位置输入 "6,9"，表示每个月 6 日和 9 日执行。

- 可以使用 "*/" 表示每隔多长时间执行一次命令,例如,在 minute 字段的位置输入 "*/5",表示每隔 5 分钟执行一次命令。
- 日期和星期字段中只需要有一个匹配即可执行指定命令,但是其他字段必须完全匹配才可以执行相关命令。

(2) crontab 命令。

cron 服务是通过 crontab 命令来完成设置的。crontab 命令的功能是管理用户的 crontab 文件。每个用户在定制例行性任务时都需要先以用户身份登录,再执行 crontab 命令。crontab 命令的基本语法格式如下所示。

```
crontab 选项
```

crontab 命令的常用选项及其功能如表 5.2.8 所示。

表 5.2.8　crontab 命令的常用选项及其功能

选　　项	功　　能
-e	执行文件编辑器来设置日程表
-l	列出目前的日程表
-r	删除目前的日程表
-u	设置指定用户的日程表

crontab 命令的基本用法如例 5.2.11 所示。

例 5.2.11:crontab 命令的基本用法

```
[root@ns1 ~]#crontab -e //以管理员用户 root 的身份,每隔 15 分钟向控制台输出当前时间
*/15,* * * * /bin/echo 'date'>/dev/console
//输入命令后,系统自动启动 vi 编辑器,用户添加以上配置内容后,保存并退出
```

2) atd 服务和 at 命令

atd 服务是 Linux 操作系统中用于临时性执行任务或处理等待事件的一个服务。atd 是 at 的后台守护进程,因此,在启动、停止 atd 服务和查询 atd 服务状态时要以 atd 作为参数。

at 命令用于在指定的时间执行某程序或命令,且只执行一次,用于完成一次性定时计划。at 命令的基本语法格式如下所示。

```
at [-f 文件名] 选项 <时间>
```

at 命令的常用选项及其功能如表 5.2.9 所示。

表 5.2.9　at 命令的常用选项及其功能

选　　项	功　　能
-d	删除指定的调度作业
-f	将命令从指定的文件中读取,而不是从标准输入中读取

选　项	功　能
-l	命令的一个别名。该命令用于查看安排的作业序列，它将列出用户排在队列中的作业，如果是管理员用户，将列出队列中的所有作业
-m	作业结束后发送邮件给执行 at 命令的用户

at 命令的基本用法如例 5.2.12 所示。

例 5.2.12： at 命令的基本用法

```
[root@ns1 ~]#at 12:00 10/25/2022                 //指定执行命令的时间
//时间格式为 HH:MM，其中 HH 为小时、MM 为分钟，若执行命令的时间大于一天，则需要加上日期
格式为 MM/DD/YY，其中 MM 为月，DD 为日，YY 为年
warning: commands will be executed using /bin/sh
at> touch /root/test.txt                         //输入需要执行的任务
at> <EOT>                                        //按 Ctrl+D 组合键，退出交换模式
job 1 at Tue Oct 25 12:00:00 2022
[root@ns1 ~]#at -l                               //查看 at 命令的任务列表
1       Tue Oct 25 12:00:00 2022 a root
[root@ns1 ~]#atrm 1                              //删除编号为 1 的任务
[root@ns1 ~]#at -l
[root@ns1 ~]#
```

🔧 任务实施

（1）查看 tomcat 进程，并结束整个进程，实施命令如下所示。

```
[root@ns1 ~]#ps -ef|grep tomcat
root    1016851  339819  0 04:42 pts/1    00:00:00 grep tomcat
[root@ns1 ~]#kill -9 339819
```

（2）查询 user1 用户的进程，实施命令如下所示。

```
[root@ns1 ~]#ps -u user1
   PID    TTY         TIME     CMD
3199264   pts/0    00:00:00    bash
```

（3）使用 vim 编辑器编辑 1.txt 文件，按 Ctrl+Z 组合键将 vim 进程挂起，切换至后台，查看后台作业，再将后台作业切换回前台，实施命令如下所示。

```
[root@ns1 ~]#vim 1.txt


[1]+  已停止             vim 1.txt
[root@ns1 ~]#bg 1
```

```
[1]+ vim 1.txt &
[root@ns1 ~]#jobs
[1]+ 3178074 停止 (tty 输出)     vim 1.txt
[root@ns1 ~]# fg 1
vim 1.txt


[1]+ 已停止               vim 1.txt
```

（4）设置在 2022 年 12 月 31 日 23 点 59 分时向所有登录用户发送信息 "Happy New Year!"，实施命令如下所示。

```
[root@ns1 ~]#at 23:59 12/31/2022
warning: commands will be executed using /bin/sh
at> who
at> wall Happy New Year!
at> <EOT>
job 2 at Sat Dec 31 23:59:00 2022
[root@ns1 ~]#atq
2       Sat Dec 31 23:59:00 2022 a root
```

（5）设置 user1 用户在每周星期一、星期三早上 4 点将/home/user1 目录下的所有文件压缩至/bak 目录下，并命名为 user1.tar.gz，实施命令如下所示。

```
[root@ns1 ~]#su user1
[user1@ns1 root]$crontab -e
0 4 * * 1,3 tar -czf /bak/user1.tar.gz /home/user1
```

📈 任务小结

（1）Kylin 操作系统提供了许多命令，让用户高效地管理和跟踪进程。

（2）使用 crontab 和 at 命令可以实现定期执行或者在指定的时间执行一些进程。

用户与权限管理

● 项目描述

Y 公司是一家拥有上百台服务器的电子商务运营公司。该公司的管理员众多，而由于管理员的职能、水平各不相同，对服务器的熟知程度也不同，容易出现操作不规范的现象，这使得该公司服务器存在极大的不稳定性和操作安全隐患，因此对用户和权限的管理显得至关重要。管理员了解并掌握 Kylin 操作系统的用户与权限管理，有利于提高 Kylin 操作系统的安全性。

在 Kylin 操作系统中，每个文件都有很多和安全相关的属性，这些属性决定了哪些用户可以对这个文件执行哪些操作。对于 Kylin 操作系统初学者来说，文件权限管理是必须掌握的一个重要知识点。能否合理且有效地管理文件权限，是评价一个 Kylin 操作系统管理员是否合格的重要标准。

知识目标

1. 了解用户账户的类型。
2. 了解用户和用户组的配置文件。
3. 了解配置文件的内容及结构。

能力目标

1. 能熟练使用命令行进行用户和用户组的管理。
2. 能熟练使用命令进行权限的配置和修改。

素质目标

1. 培养读者具备系统安全意识、风险意识。

2. 培养读者具备保护数据安全和数据隐私的意识。

任务 6.1　管理用户和用户组

任务描述

Y 公司的网络管理员小赵对 Kylin 服务器进行了基本的设置，但主管找到他说员工还无法进行工作，希望能够尽快解决，让员工投入工作。小赵经过查看后，发现员工还没有自己的用户名和密码，所以他决定开始为员工设置用户名和密码。

任务要求

Kylin 是一个真正的多用户操作系统，无论用户是从本地还是从远程登录 Kylin 操作系统的，该用户都必须拥有用户账户。在用户登录时，系统会检验用户输入的用户名和密码，只有当该用户名已存在，且密码与用户名相匹配时，该用户才能进入系统。具体要求如下所示。

（1）新建 chris、user1、user2 用户，并将 user1 用户和 user2 用户添加到 chris 用户组中。

（2）设置 user1 和 user2 用户的密码为 Aa13579,./，禁用 user1 用户。

（3）创建一个新的用户组，设置用户组的名称为 group1，将 user2 用户添加到 group1 用户组中。

（4）新建 user3 用户，UID 为 1005，指定其所属的私有组为 group2（group2 用户组的 GID 为 1010），用户的主目录为/home/user3，用户的 Shell 为/bin/bash，用户的密码为 123456，用户账户永不过期。

（5）设置 user1 用户的最短密码存活期为 8 天，最长密码存活期为 60 天，密码到期前 5 天提醒用户修改密码，并在设置完成后查看各属性值。

1. 用户和用户组的基本概念

Kylin 是一个多用户、多任务的网络操作系统，它允许多个用户同时登录系统，使用系统资源。要登录 Kylin 操作系统，首先必须有合法的登录名和密码。系统中的每个文件都被设计为隶属于相应的用户和用户组，不同的用户则决定了其是否可以访问系统内的文件。Kylin 操作系统通过定义不同的用户，来控制用户在系统中的权限。

在 Kylin 操作系统中，为了方便系统管理员和用户工作，产生了组的概念。用户组是具有相同特征的用户的逻辑组合，将所有需要访问相同资源的用户放入同一个组中，并给这个组授权，组内的用户就会自动拥有这些权限。用户组极大地简化了在 Kylin 操作系统中管理用户的难度，提高了系统管理员的工作效率。

用户通常使用人们容易记忆与识别的名字作为标识，以此来增强操作的便利性。然而在 Kylin 操作系统内部，系统是通过为每个用户和用户组分配唯一的标识符来区分不同用户和用户组的，这个唯一的标识符就是 UID（User ID，用户 ID）和 GID（Group ID，组 ID），每个用户和用户组都有唯一的 UID 和 GID。

在 Kylin 操作系统中，用户账户分为超级用户、系统用户和普通用户 3 种类型。

（1）超级用户：也称为管理员用户，Kylin 操作系统中的超级用户为 root 用户。超级用户具有一切权限，对系统具有绝对的控制权，一旦操作失误，就很容易对系统造成破坏。因此，在生产环境中，不建议使用超级用户的身份直接登录系统。在默认情况下，超级用户的 UID 为 0。

（2）系统用户：用于执行系统服务进程。系统服务进程通常无须以管理员用户的身份执行。每个系统服务进程在执行时，系统都会为其分配相应的系统用户，以确保相关资源不受其他用户的影响，所以系统用户是 Kylin 操作系统正常工作所必需的内建用户。系统用户的 UID 一般为 1～999。

（3）普通用户：为了完成某些任务而手动创建的用户，一般只对自己的主目录拥有完全权限。该类用户拥有的权限受到一定的限制，从而保证了 Kylin 操作系统的安全性。普通用户的 UID 一般为 1000～65535。

2. 用户配置文件

在 Kylin 操作系统中，与用户相关的配置文件有两个，即用户账户管理文件/etc/passwd 和用户密码文件/etc/shadow。

1）/etc/passwd 文件

/etc/passwd 是一个非常重要的文件，该文件记录了用户的基本信息，修改该文件可以实现对用户的管理。/etc/passwd 文件的内容如例 6.1.1 所示。

例 6.1.1：/etc/passwd 文件的内容

```
[root@bogon ~]#cat /etc/passwd
root:x:0:0:root:/root:/bin/bash
bin:x:1:1:bin:/bin:/sbin/nologin
daemon:x:2:2:daemon:/sbin:/sbin/nologin
adm:x:3:4:adm:/var/adm:/sbin/nologin
...省略部分内容输出...
admin:x:1000:1000:admin:/home/admin:/bin/bash
```

在/etc/passwd 文件中，每行都代表一个用户的信息，每行的用户信息都由 7 个字段组成，各字段之间用"："分隔。/etc/passwd 文件的格式如下所示。

用户名:密码:UID:GID:用户描述:主目录:登录 Shell

/etc/passwd 文件中各字段的功能说明如表 6.1.1 所示。

表 6.1.1　/etc/passwd 文件中各字段的功能说明

字　　段	功 能 说 明
用户名	登录时使用的名称，在系统内唯一
密码	用户的密码经过加密后保存在/etc/shadow 文件中，这里用"x"表示
UID	标识用户身份的数字标识符
GID	标识用户组身份的数字标识符，每个用户都隶属于一个组。root 用户的 GID 为 0，系统用户的 GID 为 1～999。在创建普通用户的同时除非指定，否则系统默认会创建一个同名、同 ID 的用户组
用户描述	记录用户的个人信息，可填写用户姓名、电话等，该字段为可选的
主目录	用户登录系统后默认所在的目录，一般来说，root 用户的主目录是/root，普通用户除非在创建时指定，否则系统会在/home 目录下创建与用户名同名的主目录
登录 Shell	用户登录后的 Shell 环境，系统默认使用的是 Bash。若指定 Shell 为"/sbin/nologin"，则代表该用户是虚拟用户，将无法登录系统

2）/etc/shadow 文件

/etc/shadow 文件记录了用户的密码及相关信息。为安全起见，只有 root 用户才可以打开/etc/shadow 文件，普通用户是无法打开的。/etc/shadow 文件的内容如例 6.1.2 所示。

例 6.1.2：/etc/shadow 文件的内容

```
[root@bogon ~]#cat /etc/shadow
root:$6$5hutu2YT3NUxfE2U$I2BhDd3mBHwR1dOHaGAZZcCnXoqGUArb4z9arLpk45YUdNyW
609fyrnlKDJvg.A79sgyS72e1599EgGv5S7xi0::0:99999:7:::
...省略部分内容输出...
admin:$6$F/B8s14pmtSlYR3Q$oOBRGsh2JhAYEan/LIILAQHwW9FxipF//pC/l0UwyWiEB7i
WJqzCzBcntF0eqbZsjeYKjRI/zUltRmKKUHdNW.::0:99999:7:::
```

与/etc/passwd 文件的内容类似，/etc/shadow 文件中的每行都代表一个用户的信息，并使用符号"："分隔为 9 个字段。/etc/shadow 文件的格式如下所示。

用户名:密码:最后一次修改时间:最小时间间隔:最大时间间隔:警告时间:不活动时间:失效时间:保留字段

/etc/shadow 文件中各字段的功能说明如表 6.1.2 所示。

表 6.1.2　/etc/shadow 文件中各字段的功能说明

字　段	功　能　说　明
用户名	用户登录时使用的用户名
密码	加密后的密码，"*"表示禁止登录，"!"表示被锁定
最后一次修改时间	从 1970 年 1 月 1 日算起到上次修改密码日期的间隔天数
最小时间间隔	密码自上次修改后，要间隔多少天才能再次修改（若为 0，则无限制）
最大时间间隔	密码自上次修改后，要间隔多少天才能再次修改（若为 9999，则密码未设置为必须修改）
警告时间	提前多少天警告用户密码将过期（默认为 7）
不活动时间	在密码过期多少天之后禁用该账户
失效时间	从 1970 年 1 月 1 日起到账户过期的间隔天数
保留字段	用于功能扩展，未使用

3. 用户组配置文件

1）/etc/group 文件

/etc/group 文件记录了用户组的基本信息。/etc/group 文件的内容如例 6.1.3 所示。

例 6.1.3：/etc/group 文件的内容

```
[root@bogon ~]#cat /etc/group
root:x:0:
bin:x:1:
…省略部分内容输出…
admin:x:1000:
```

在/etc/group 文件中，每行都代表一个用户组的相关信息，并用符号":"分隔为 4 个字段。/etc/group 文件的格式如下所示。

用户组名:组密码:GID:组成员列表

/etc/group 文件中各字段的功能说明如表 6.1.3 所示。

表 6.1.3　/etc/group 文件中各字段的功能说明

字　段	功　能　说　明
用户组名	用户组的名称，与用户名类似，不可重复
组密码	该字段存储的是用户组的密码。用户组一般都没有密码，因此该字段很少使用，一般为空，用"x"表示密码是被/etc/gshadow 文件保护的
GID	标识用户组身份的数字标识符，与 UID 类似。GID 为整数，与/etc/passwd 文件中的 GID 字段相对应
组成员列表	每个组包含的用户，用户之间用符号","分隔，若没有组成员，则默认为空

2）/etc/gshadow 文件

/etc/gshadow 文件记录了用户组的密码。/etc/gshadow 文件的内容如例 6.1.4 所示。

例 6.1.4：/etc/gshadow 文件的内容

```
root:::
bin:::
…省略部分内容输出…
admin:!::
```

/etc/gshadow 与/etc/shadow 文件类似，是根据/etc/group 文件产生的，每行描述一个用户组信息，通过符号 "："分隔为 4 个字段，从左到右依次为用户组名、组密码、用户组的管理者、组成员列表。

/etc/gshadow 文件中各字段的功能说明如表 6.1.4 所示。

表 6.1.4 /etc/gshadow 文件中各字段的功能说明

字　　段	功 能 说 明
用户组名	用户组的名称，与用户名类似，不可重复
组密码	用户组的密码，保存已加密的密码
用户组的管理者	管理员有权对该用户组添加、删除用户
组成员列表	每个用户组包含的用户，用户之间用符号 "，"分隔

4．用户和用户组的关系

在 Kylin 操作系统中，每个用户都有一个对应的用户组。用户组就是一个或多个成员用户为同一个目的组成的组织，组成员用户对属于该用户组的文件拥有相同的权限。用户和用户组的关系有一对一、一对多、多对一和多对多。对这 4 种关系的解析如下所示。

（1）一对一：一个用户存在于一个用户组中，是用户组中的唯一用户。

（2）一对多：一个用户存在于多个用户组中，该用户具有多个用户组的共同权限。

（3）多对一：多个用户存在于一个用户组中，这些用户具有与用户组相同的权限。

（4）多对多：多个用户存在于多个用户组中。

在创建用户时，系统除创建该用户外，默认情况下还会创建一个同名的用户组作为该用户的用户组，同时会在/home 目录下创建同名的目录作为该用户的主目录。如果一个用户属于多个用户组，那么记录在/etc/passwd 文件中的用户组称为该用户的初始组（又称主组），其他的组称为附属组。

• 初始组（主组）：每个用户有且只有一个初始组。

• 附属组：用户可以是零个、一个或多个附属组成员。

5. 添加用户

1）添加新用户——useradd 命令

在命令行模式下，使用 useradd 命令可以添加一个新用户。useradd 命令的基本语法格式如下所示。

```
useradd [选项] 用户名
```

useradd 命令的常用选项及其功能如表 6.1.5 所示。

表 6.1.5　useradd 命令的常用选项及其功能

选　　项	功　　　能
-d	指定主目录，必须是绝对路径
-u	指定用户的 UID
-g	指定用户所属的初始组，后接 GID 或组名
-G	指定用户所属的附属组，后接 GID 或组名
-s	指定登录 Shell

useradd 命令的基本用法如例 6.1.5 所示。

例 6.1.5：useradd 命令的基本用法

```
[root@bogon ~]#useradd user001                    //添加 user001 用户
[root@bogon ~]#grep user001 /etc/passwd           //查询 user001 用户是否存在
user001:x:1001:1001::/home/user001:/bin/bash
[root@bogon ~]#grep user001 /etc/shadow
user001:!!:18802:0:99999:7:::
[root@bogon ~]#grep user001 /etc/group
user001:x:1001:                                   //创建一个同名的用户组
[root@bogon ~]#ls -ld /home/user001
drwx------. 3 user001 user001 78 7月  30 15:28 /home/user001
[root@bogon ~]#useradd -d /home/user002 -u 222 -g admin user002
//添加 user002 用户、初始组为 admin、主目录为 home/user002、UID 为 222
[root@bogon ~]#grep user002 /etc/passwd
user002:x:222:1000::/home/user002:/bin/bash
[root@bogon ~]#grep user002 /etc/group               //不存在 user002 用户组
[root@bogon ~]#ls -ld /home/user002
drwx------. 3 user002 admin 78 7月  30 15:35 /home/user002
```

2）设置用户密码——passwd 命令

新用户必须使用密码才能登录系统，使用 passwd 命令可以为用户设置密码。passwd 命令的基本语法格式如下所示。

```
passwd [选项] [用户名]
```

passwd 命令还能对用户的密码进行管理,包括用户密码的创建、修改、删除等操作。passwd 命令的常用选项及其功能如表 6.1.6 所示。

表 6.1.6　passwd 命令的常用选项及其功能

选　　项	功　　能
-d	删除用户密码,使用户登录系统时无须密码。只有 root 用户可以执行
-l	锁定用户账户,禁止其登录。只有 root 用户可以执行
-u	解锁被锁定的用户账户,允许其登录。只有 root 用户可以执行
-S	查询用户密码的相关信息,即查询/etc/shadow 文件的内容

passwd 命令的使用方法比较简单,如果要修改自己的密码,那么直接在命令行中输入 passwd 命令即可;如果要修改普通用户的密码,那么需要具有超级用户 root 的权限。passwd 命令的基本用法如例 6.1.6 所示。

例 6.1.6:passwd 命令的基本用法

```
[root@bogon ~]#passwd                              // root 用户修改自己的密码
更改用户 root 的密码 。
新的 密码:
无效的密码: 密码少于 8 个字符
重新输入新的 密码:
passwd: 所有的身份验证令牌已经成功更新。
[root@bogon ~]#passwd user001                     //root 用户修改 user001 用户的密码
更改用户 user001 的密码。
新的密码:                                          //输入 user001 用户的密码
重新输入新的密码:                                  //确定新密码
passwd: 所有的身份验证令牌已经成功更新。
[root@bogon ~]#su – user001
[user001@bogon ~]$passwd                           //user001 用户为自己修改密码
更改用户 user001 的密码。
为 user001 更改 STRESS 密码。
旧的密码:                                          //这里输入原密码
新的 密码:                                         //输入新密码
重新输入新的 密码:                                 //确定新密码
passwd: 所有的身份验证令牌已经成功更新。
```

若密码过于简单或者少于 8 位、过于有规律、基于字典等,则系统会给出"无效的密码""密码少于 8 个字符"等提示信息,导致密码修改失败,所以在设置密码时,密码长度应至少为 8 位,且需要包含数字、大小写字母、特殊字符其中的 3 种字符,否则无效。

3）修改用户信息——usermod 命令

对于创建好的用户账户，可以使用 usermod 命令设置和管理用户账户的各项属性，包括登录名、主目录、用户组、登录 Shell 等。该命令只能由 root 用户执行。usermod 命令的基本语法格式如下所示。

```
usermod [选项] 用户名
```

usermod 命令的常用选项及其功能如表 6.1.7 所示。

表 6.1.7 usermod 命令的常用选项及其功能

选 项	功 能
-a	将用户添加到指定的附属组中，该选项只能和-G 选项一起使用
-c	修改用户注释字段的值
-d -m	将-m 与-d 选项连用，可以重新指定用户的主目录并自动把旧数据转移过去
-e	指定账号失效日期，格式为 YYYY-MM-DD
-f	指定密码
-g	修改用户的初始组，且指定的新用户组必须存在。在用户主目录下，属于原来的初始组的文件将被转交给新用户组。主目录之外的文件所属的用户组必须手动修改
-G	指定用户的附属组，多个附属组之间用逗号分隔
-l	修改用户的登录名
-L	锁定用户账户，禁止其登录系统
-U	解锁用户账户，允许其登录系统
-s	修改用户的默认 Shell
-u	为用户指定新的 UID

usermod 命令的基本用法如例 6.1.7 所示。

例 6.1.7：usermod 命令的基本用法

```
[root@bogon ~]#grep user001 /etc/passwd
user001:x:1001:1001::/home/user001:/bin/bash
[root@bogon ~]#usermod -d /home/user01 -u 333 -g root user001
//修改 user001 用户的初始组为 root、主目录为 home/user01、UID 为 333
[root@bogon ~]#grep user001 /etc/passwd
user001:x:333:0::/home/user01:/bin/bash
```

4）删除用户——userdel 命令

要删除指定用户账户，可以使用 userdel 命令来实现。该命令只能由 root 用户执行。userdel 命令的基本语法格式如下所示。

```
userdel [-r] 用户名
```

userdel 命令的常用选项及其功能如表 6.1.8 所示。

表 6.1.8　userdel 命令的常用选项及其功能

选　　项	功　　能
-r	在删除用户账户的同时，删除该用户账户对应的主目录及该目录下的所有文件
-f	强制删除用户账户、用户账户对应的主目录及该目录下的所有文件

如果在创建用户时创建了同名用户组，且该用户组内无其他用户，那么在删除该用户时会一并删除该同名用户组。注意，正在登录的用户账户无法被删除。userdel 命令的基本用法如例 6.1.8 所示。

例 6.1.8：userdel 命令的基本用法

```
[root@bogon ~]#grep user002 /etc/passwd          //存在 user002 用户,GID 为 1000
user002:x:222:1000::/home/user002:/bin/bash
[root@bogon ~]#grep user002 /etc/group           //未找到 user002 用户组
[root@bogon ~]#ls -d /home/user002               //显示 user002 用户的主目录
/home/user002
[root@bogon ~]#userdel -r user002                //删除用户账户，并删除用户主目录
[root@bogon ~]#grep user002 /etc/passwd          //user002 用户不存在
[root@bogon ~]#ls -d /home/user002
ls: 无法访问/home/user002：没有那个文件或目录      //结果显示用户主目录一同被删除
```

6. 添加用户组

1）添加新用户组——groupadd 命令

groupadd 命令用于添加新用户组，且该命令只能由 root 用户执行。groupadd 命令的基本语法格式如下所示。

```
groupadd [选项] 用户组名
```

groupadd 命令的常用选项及其功能如表 6.1.9 所示。

表 6.1.9　groupadd 命令的常用选项及其功能

选　　项	功　　能
-g	指定新用户组的 GID
-r	创建系统用户组

groupadd 命令的基本用法如例 6.1.9 所示。

例 6.1.9：groupadd 命令的基本用法

```
[root@bogon ~]#groupadd user010                  //添加 user010 用户组
[root@bogon ~]#grep user010 /etc/group           //user010 用户组已创建
```

```
user010:x:1002:
[root@bogon ~]#groupadd -g 1010 ice          //指定用户组的GID
[root@bogon ~]#grep ice /etc/group           //ice用户组已创建
ice:x:1010:
```

2）修改用户组属性——groupmod 命令

groupmod 命令用于修改用户组的相关属性，包括名称、GID 等。该命令只能由 root 用户执行，其基本语法格式如下所示。

```
groupmod [选项] 用户组名
```

groupmod 命令的常用选项及其功能如表 6.1.10 所示。

表 6.1.10　groupmod 命令的常用选项及其功能

选　　项	功　　能
-g	指定用户组的 GID
-n	指定用户组的名称

groupmod 命令的基本用法如例 6.1.10 所示。

例 6.1.10：groupmod 命令的基本用法

```
[root@bogon ~]#grep ice /etc/group
ice:x:1010:
[root@bogon ~]#groupmod -g 1011 ice          //指定用户组的GID
[root@bogon ~]#grep ice /etc/group
ice:x:1011:
[root@bogon ~]#groupmod -n water ice         //指定用户组的名称
[root@bogon ~]#grep water /etc/group
water:x:1011:
```

3）删除用户组——groupdel 命令

要删除指定用户组，可以使用 groupdel 命令来实现。该命令只能由 root 用户执行，其基本语法格式如下所示。

```
groupdel 用户组名
```

在删除指定用户组之前，应保证该用户组不是任何用户的初始组，否则需要先删除以该用户组为初始组的用户，才能删除这个用户组。groupdel 命令的基本用法如例 6.1.11 所示。

例 6.1.11：groupdel 命令的基本用法

```
[root@bogon ~]#tail -2 /etc/group
user010:x:1002:
```

```
water:x:1011:
[root@bogon ~]#groupdel water              //删除 water 用户组
[root@bogon ~]#grep water /etc/group       //未查询到，表示已删除
```

4）gpasswd 命令

要将某用户添加到指定组中，使其成为该用户组成员，或者从用户组中删除某用户，可以使用 gpasswd 命令。该命令只能由 root 用户执行，其基本语法格式如下所示。

```
gpasswd [选项] 用户名 用户组名
```

gpasswd 命令的常用选项及其功能如表 6.1.11 所示。

表 6.1.11　gpasswd 命令的常用选项及其功能

选　　项	功　　能
-a	将用户添加到用户组中
-d	将用户从用户组中删除
-A	设置有管理权限的用户列表
-M	设置用户组成员列表
-r	删除密码
-R	限制对用户组的访问，只有用户组中的成员才可以使用 newgrp 命令加入用户组

gpasswd 命令的基本用法如例 6.1.12 所示。

例 6.1.12：gpasswd 命令的基本用法

```
[root@bogon ~]#gpasswd -a user001 admin  //将 user001 用户添加到 admin 用户组中
正在将用户"user001"添加到用户组"admin"中
[root@bogon ~]#grep admin /etc/group //查询 admin 用户组中是否包括 user001 用户
printadmin:x:991:
admin:x:1000:user001
```

7．其他用户相关命令

1）id 命令

id 命令用于查看一个用户的 UID、GID 用户所属组列表和附属组信息。id 命令的基本语法格式如下所示。

```
id [选项] 用户名
```

id 命令的常用选项及其功能如表 6.1.12 所示。

表 6.1.12　id 命令的常用选项及其功能

选　　项	功　　能
-g	仅显示有效的 GID
-G	显示所有的 GID
-n	显示名称而不是数字
-	显示有效的 GID

若没有任何选项和参数，则 id 命令会显示当前已经登录的用户的身份信息，如例 6.1.13 所示。

例 6.1.13：id 命令的基本用法——显示当前已经登录的用户的身份信息

```
[root@bogon ~]#id root                    //查看 root 用户的相关信息
uid=0(root) gid=0(root) 组=0(root)
```

如果想要显示指定用户的身份信息，那么需要指定登录名，如例 6.1.14 所示。

例 6.1.14：id 命令的基本用法——显示指定用户的身份信息

```
[root@bogon ~]#id admin                   //查看 admin 用户的相关信息
id=1000(admin) gid=1000(admin) 组=1000(admin)
```

2）su 命令

使用 su 命令可以使用户在登录期间切换为另一个用户的身份。也就是说，在不同的用户之间进行切换，可以使用 su 命令来实现。su 命令的基本语法格式如下所示。

```
su [选项] 用户名
```

su 命令的常用选项及其功能如表 6.1.13 所示。

表 6.1.13　su 命令的常用选项及其功能

选　　项	功　　能
-c	指定切换后执行的 Shell 命令
-或-l	提供一个类似于用户直接登录的环境
-s	指定切换后使用的 Shell 程序

su 命令的基本用法如例 6.1.15 所示。

例 6.1.15：su 命令的基本用法

```
[root@bogon ~]#su - admin      //从 root 用户切换为普通用户，不需要输入密码
[admin@bogon ~]$su - root      //从 admin 用户切换为 root 用户
密码：                         //需要输入 root 用户的密码
[root@bogon ~]#                //输入 root 用户的密码后，切换成功
```

　　若用户名被省略，则表示切换为 root 用户。在从普通用户切换为其他用户或 root 用户时，需要输入被切换用户的密码，而在从 root 用户切换为普通用户时无须输入密码。输入"exit"，可以返回原用户身份。另外，su 命令将启动非登录 Shell，而 su - 命令会启动登录 Shell。两种命令的主要区别在于，su - 命令会将 Shell 环境设置为以该用户的身份重新登录的环境，而 su 命令会以该用户的身份启动 Shell，但仍然使用原用户的环境设置。

3）chage 命令

chage 命令用于显示和修改用户的密码等相关属性。chage 命令的基本语法格式如下所示。

```
chage [选项] 用户名
```

chage 命令的常用选项及其功能如表 6.1.14 所示。

表 6.1.14　chage 命令的常用选项及其功能

选　　项	功　　能
-d	指定密码最后修改日期
-E	指定密码到期日期，且到期后，此账户将不可用。"0"表示马上过期，"-1"表示永不过期
-h	显示帮助信息并退出
-I	指定密码过期后，锁定账户的天数
-l	显示用户及密码的有效期
-m	指定密码可更改的最小天数，若为零，则代表任何时候都可以更改密码
-M	指定密码保持有效的最大天数
-W	指定密码过期前，提前收到警告信息的天数

chage 命令的基本用法如例 6.1.16 所示。

例 6.1.16：chage 命令的基本用法

```
[root@bogon ~]#passwd admin
[root@bogon ~]#chage -m 7 -M 70 -W 5 admin
//设置 admin 用户最短密码存活期为 7 天，最长密码存活期为 70 天，密码到期前 5 天提醒用户修
改密码
[root@bogon ~]#chage -l admin //显示 admin 用户的有效期
最近一次密码修改时间                          : 10 月 16,2023
密码过期时间                                : 12 月 25,2023
密码失效时间                                : 从不
账户过期时间                                : 从不
两次改变密码相距的最小天数                     : 7
两次改变密码相距的最大天数                     : 70
在密码过期之前警告的天数                       : 5
```

任务实施

（1）新建 chris、user1、user2 用户，并将 user1 和 user2 用户添加到 chris 用户组中，实施命令如下所示。

```
[root@bogon ~]#useradd chris
[root@bogon ~]#useradd user1
[root@bogon ~]#useradd user2
[root@bogon ~]#usermod -G chris user1
[root@bogon ~]#usermod -G chris user2
```

（2）设置 user1 和 user2 用户的密码为 Aa13579,./，禁用 user1 用户，实施命令如下所示。

```
[root@bogon ~]#passwd user1
更改用户 user1 的密码 。
新的 密码：
无效的密码： 密码少于 8 个字符
重新输入新的 密码：
passwd：所有的身份验证令牌已经成功更新。
[root@bogon ~]#passwd user2
更改用户 user2 的密码 。
新的 密码：
无效的密码： 密码少于 8 个字符
重新输入新的 密码：
passwd：所有的身份验证令牌已经成功更新。
[root@bogon ~]#passwd -l user1                          //禁用 user1 用户
锁定用户 user1 的密码 。
passwd：操作成功
或
[root@bogon ~]#usermod -L user1
```

（3）创建一个新的用户组，设置用户组的名称为 group1，将 user2 用户添加到 group1 用户组中，实施命令如下所示。

```
[root@bogon ~]#groupadd group1
[root@bogon ~]#gpasswd -a user2 group1
正在将用户"user2"添加到用户组"group1"中
```

（4）新建 user3 用户，UID 为 1005，指定其所属的私有组为 group2（group2 用户组的 GID 为 1010），用户的主目录为/home/user3，用户的 Shell 为/bin/bash，用户的密码为 Aa13579,./，用户账户永不过期，实施命令如下所示。

```
[root@bogon ~]#groupadd -g 1010 group2
[root@bogon ~]#useradd -u 1005 -g 1010 -d /home/user3 -s /bin/bash -p
Aa13579,./ -f -1 user3
[root@bogon ~]#cat /etc/passwd|grep user3
user3:x:1005:1010::/home/user3:/bin/bash
```

（5）设置 user1 用户的最短密码存活期为 8 天，最长密码存活期为 60 天，密码到期前 5
天提醒用户修改密码，并在设置完成后查看各属性值，实施命令如下所示。

```
[root@bogon ~]#chage -m 8 -M 60 -W 5 user1
[root@bogon ~]#chage -l user1
最近一次密码修改时间                              :10 月 16, 2023
密码过期时间                                      :12 月 15, 2023
密码失效时间                                      :从不
账户过期时间                                      :从不
两次改变密码相距的最小天数                        :8
两次改变密码相距的最大天数                        :60
在密码过期之前警告的天数                          :5
```

任务小结

（1）用户管理在 Kylin 安全管理机制中是非常重要的，Kylin 操作系统中的每个功能模块
都与用户和权限有密不可分的关系。

（2）在 Kylin 操作系统中，每个用户和用户组都有唯一的 UID 和 GID。

任务 6.2　管理文件权限

任务描述

Y 公司的网络管理员小赵，在学习了目录和文件的操作之后有一些疑问：在 Kylin 操作
系统中，如何才能做到保护文件和目录，使它们不被破坏？如何对文件和目录的权限进行设
置，让不同的用户有不同的使用权限？

任务要求

Kylin 操作系统的权限管理具有一套成熟和严谨的规范。正确的权限管理，对于维护 Kylin
操作系统的安全非常重要。这里主要介绍 Kylin 操作系统中权限的表示方法及相关命令的使
用方法，本任务的具体要求如下所示。

（1）在根目录/下新建一个名称为 test 的目录，在 test 目录下新建 test1 文件，将 test1 文件的所有者修改为 admin 用户，将 test 目录的属组修改为 group1 用户组（若没有 group1 用户组，则自行创建）。

（2）设置 test1 文件的所属用户对 test1 文件具有全部的权限，其他人只有读权限。

1．文件的用户和用户组

文件与用户和用户组是密不可分的。用户在创建文件的同时，对该文件具有执行操作的权限。在 Linux 操作系统中，根据应用权限，可以将用户的身份分为 3 种类型，即文件的所有者（user）、属组（group）和其他用户（others）。每种类型的用户对文件都可以进行读、写和执行操作，分别对应文件的 3 种权限，即读权限、写权限和执行权限。

文件的所有者一般为文件的创建者，即哪个用户创建了文件，该用户就天然地成为该文件的所有者。在通常情况下，文件的所有者拥有该文件的所有访问权限。如果有些文件比较敏感（如工资单），不想被除所有者以外的任何人读取或修改，那么需要把文件的权限设置为所有者可以读取或修改，其他人没有权限读取或修改。

除了文件的所有者和属组，系统中的所有其他用户都统一称为其他用户。

Linux 操作系统使用字母"u"表示文件的所有者（user），"g"表示文件的属组（group），"o"表示其他用户（others），"a"表示所有用户（all）。

2．权限类型

在 Kylin 操作系统中，每个文件都有 3 种基本的权限类型，分别为读（read，r）、写（write，w）和执行（execute，x）。关于权限的具体类型说明如表 6.2.1 所示。

表 6.2.1　权限的具体类型说明

类　型	对文件而言	对目录而言
读（r）	表示用户能够读取文件的内容	表示具有浏览目录的权限
写（w）	表示用户能够修改文件的内容	表示具有删除、移动目录中文件的权限
执行（x）	表示用户能够执行该文件	表示具有进入目录的权限

3．权限表示

使用 ls -l 或 ll 命令可以查看文件的权限信息，如例 6.2.1 所示。

例 6.2.1：查看文件的权限信息

```
[root@bogon ~]#touch file1 file2
```

```
[root@bogon ~]#ls -l
-rw-------. 1 root root 2524 6月  31 19:05 anaconda-ks.cfg
-rw-r--r--. 1 root root    0 7月  30 21:22 file1
-rw-r--r--. 1 root root    0 7月  30 21:22 file2
-rw-r--r--. 1 root root 2962 6月  31 19:06 initial-setup-ks.cfg
```

使用 ll 命令输出的第 1 列共有 10 个字符（代表文件的类型和权限，最后的"."暂不考虑）。每行的第 1 个字符表示文件的类型，前面的内容已有介绍。每行的第 2～10 个字符表示文件的权限。这 9 个字符每 3 个字符为一组，左边 3 个字符表示文件所有者的权限，中间 3 个字符表示文件属组的权限，右边 3 个字符表示其他用户的权限。每组都是"r""w""x"这 3 个字母的组合，且"r""w""x"的顺序不能改变，如图 6.2.1 所示。若不具备相应的权限，则用减号"-"代替。

除了使用"r""w""x"表示权限，Linux 操作系统还支持一种八进制的权限表示方法，如图 6.2.2 所示。在这种形式中，"4"表示读权限，"2"表示写权限，"1"表示执行权限。

```
r：4（读权限）
w：2（写权限）
x：1（执行权限）
```

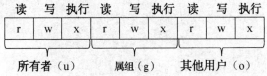

图 6.2.1　用字母表示文件权限

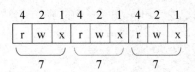

图 6.2.2　八进制的权限表示方法

以 file1 文件为例，其权限的具体说明如下所示。

（1）第一组权限"rw-"（数字为"6"，即 4+2+0）表示文件的所有者对该文件具有可读、可写、不可执行的权限。

（2）第二组权限"r--"（数字为"4"，即 4+0+0）表示文件的属组对该文件具有可读，但不可写，也不可执行的权限。

（3）第三组权限"r--"（数字为"4"，即 4+0+0）表示其他用户对该文件具有可读，但不可写，也不可执行的权限。

4．修改文件权限

在创建文件时，系统会自动赋予文件的权限，若这些默认权限无法满足需要，则可以通过 chmod 命令来进行权限修改。chmod 命令的基本语法格式如下所示。

```
chmod [选项] 文件|目录
```

修改文件权限的方法有两种：一种是符号类型修改法；另一种是数字类型修改法。

1）符号类型修改法

符号类型修改法是指将文件的读、写、执行权限分别用"r""w""x"表示，将所有者、属组、其他用户和所有用户的用户身份分别用"u""g""o""a"表示，并使用操作符"+""-""="表示添加某种权限、移除某种权限和在赋予某种权限的同时取消原来的权限。符号类型修改法格式如表 6.2.2 所示。

表 6.2.2　符号类型修改法格式

命　　令	选　　项	身 份 权 限	操　　作	权　　限	操 作 对 象
chmod	-R（递归修改）	u（user） g（group） o（others） a（all）	+（添加） -（移除） =（设置）	r w x	文件或目录

-R 选项表示递归修改，当操作项为目录时，表示将该目录下所有的文件及子目录的权限全部修改。

可以同时设置不同用户的权限，并使用逗号分隔不同用户的权限，逗号前后不能有空格。使用符号类型修改法修改文件权限如例 6.2.2 所示。

例 6.2.2：chmod 命令的基本用法——使用符号类型修改法修改文件权限

```
[root@bogon ~]#ls -l
-rw-------. 1 root root 2524  6月  31 19:05 anaconda-ks.cfg
-rw-r--r--. 1 root root    0  7月  17 21:22 file1
-rw-r--r--. 1 root root    0  7月  17 21:22 file2
-rw-r--r--. 1 root root 2962  6月  31 19:06 initial-setup-ks.cfg
[root@bogon ~]#chmod u+x,g+w file1    //添加所有者的执行权限,添加属组的写权限
[root@bogon ~]#chmod g=w,o-r file2    //设置属组的权限为可写,移除其他用户的读权限
[root@bogon ~]#ls -l
-rw-------. 1 root root 2524  6月  31 19:05 anaconda-ks.cfg
-rwxrw-r--. 1 root root    0  7月  17 21:23 file1
-rw--w----. 1 root root    0  7月  17 21:23 file2
-rw-r--r--. 1 root root 2962  6月  31 19:06 initial-setup-ks.cfg
```

2）数字类型修改法

数字类型修改法是指先将文件的读（r）、写（w）和执行（x）这 3 种权限分别用数字 4、2、1 表示，并用 0 表示不授予权限，再将每种用户的 3 种权限对应的数字相加，这种方法也叫作八进制数表示法。例如，现在要将 file2 文件的权限设置为 rwxrw-rw-，3 种用户的权限组合后的数字为 766。使用数字类型修改法修改文件权限如例 6.2.3 所示。

例 6.2.3：chmod 命令的基本用法——使用数字类型修改法修改文件权限

```
[root@bogon ~]#ls -l file2
-rw--w----. 1 root root   0 7月  17 11:17 file2
[root@bogon ~]#chmod 766 file2        //相当于 chmod u=rwx,g+r,o+rw file2
[root@bogon ~]#ls -l file2
-rwxrw-rw-. 1 root root   0 7月  17 11:17 file2
```

5. 修改文件的所有者和属组

1）修改文件的属组

要修改一个文件的属组比较简单，使用 chgrp 命令即可。chgrp 命令的基本语法格式如下所示。

```
chgrp -R 组名   文件或者目录
```

这里的-R 选项也表示递归修改，当操作项为目录时，表示将该目录下所有的文件及子目录的属组全部修改。

修改后的用户组必须是已经存在于/etc/group 文件中的用户组。chgrp 命令的基本用法如例 6.2.4 所示。

例 6.2.4：chgrp 命令的基本用法

```
[root@bogon ~]#ls -l file1
-rwxrw-r--. 1 root root 0 7月  17 11:22 file1
[root@bogon ~]#chgrp admin file1  //将 file1 的属组修改为 admin 用户组
[root@bogon ~]#ls -l file1
-rwxrw-r--. 1 root admin 0   7月  17 11:22 file1
```

2）修改文件的所有者

有时需要修改一个文件的所有者和属组，而 chown 命令可以用于修改文件的所有者和属组。chown 命令的基本语法格式如下所示。

```
chown [-R] 用户名:属组名 文件或者目录
```

同样地，这里的-R 选项也表示递归修改，当操作项为目录时，表示将该目录下所有的文件及子目录的所有者全部修改。

若想要修改文件的所有者，则只需要在 chown 命令中指定新的所有者即可。若想要同时修改文件的所有者和属组，则需要将所有者和属组用符号":"分隔。若想要修改多个文件的所有者，则可以将所有文件都指定在 chown 命令后面，用空格分隔即可。

有时 chgrp 命令的功能可以使用 chown 命令实现，例如，当只修改文件的属组时，只需要在用户组名前添加一个符号"."或":"即可。chown 命令的基本用法如例 6.2.5 所示。

例 6.2.5：chown 命令的基本用法

```
[root@bogon ~]#ls -l file1
-rwxrw-r--. 1 root admin 0 6月  17 11:23 file1
[root@bogon ~]#chown admin file1              //只修改文件的所有者
[root@bogon ~]#ls -l file1
-rwxrw-r--. 1 admin admin 0 7月  17 11:23 file1
[root@bogon ~]#ls -l file2
-rwxrw-rw-. 1 root root 0 7月  17 11:27 file2
[root@bogon ~]#chown admin:admin file2   //同时修改文件的所有者和属组
[root@bogon ~]#ls -l file2
-rwxrw-rw-. 1 admin admin 0 7月  17 11:27 file2
[root@bogon ~]#chown .root file1              //只修改文件的属组，在用户组名前添加"."
[root@bogon ~]#ls -l file1
-rwxrw-r--. 1 admin root 0 7月  17 11:28 file1
```

任务实施

（1）在根目录/下新建一个名称为 test 的目录，在 test 目录下新建 test1 文件，将 test1 文件的所有者修改为 admin 用户，将 test 目录的属组修改为 group1 用户组（若没有 group1 用户组，则自行创建），实施命令如下所示。

```
[root@bogon ~]#mkdir /test
[root@bogon ~]#touch /test/test1
[root@bogon ~]#tree /test
/test
└── test1

0 directories, 1 file
[root@bogon ~]#chown admin: /test/test1
[root@bogon ~]#chown :group1 /test
[root@bogon ~]#ll /test/test1|grep test1
-rw-r--r--.      1 admin admin   0  10月 7 22:11 /test/test1
[root@bogon ~]#ll /|grep test
drwxr-xr-x.      2 root group1   19 10月 7 22:18 test
```

（2）设置 test1 文件的所属用户对 test1 文件具有全部的权限，其他人只有读权限，实施命令如下所示。

```
[root@bogon ~]#chmod u=rwx,g=r,o=r /test/test1
```

或

```
[root@bogon ~]#chmod 744 /test/test1
[root@bogon ~]#ll /test
总用量 0
-rwxr--r--. 1 admin admin 0 10月  7 22:18 test1
```

任务小结

（1）文件和目录的权限设置非常重要，会让不同文件和目录具有不同的使用权限。

（2）修改文件权限可以使用符号类型修改法和数字类型修改法。使用数字类型修改法修改文件权限更加方便、灵活。

项目 7

配置与管理 DNS 服务器

● **项目描述**

Y 公司是一家电子商务运营公司，该公司需要一台 DNS 服务器来为内部用户提供内网域名解析服务，使用户可以在内网中使用 FQDN（Fully Qualified Domain Name，全限定域名）访问公司的网站，同时 DNS 服务器还可以为用户解析公网域名。为了减轻 DNS 服务器的压力，Y 公司还需要搭建第二台 DNS 服务器，并将第一台 DNS 服务器上的记录传输到第二台 DNS 服务器中，通过对 DNS 服务器的配置实现域名解析服务。Kylin 操作系统提供的 DNS 服务，可以很好地解决员工简单、快捷地访问本地网络及 Internet 上的资源的问题。

本项目主要介绍 DNS 服务器的创建、配置与管理，辅助 DNS 服务器的配置等，以便为网络用户提供可靠的 DNS 服务。项目拓扑结构如图 7.0.1 所示。

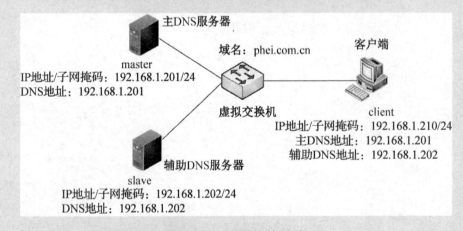

图 7.0.1　项目拓扑结构

⭐ **知识目标**

1. 了解 DNS 的功能、组成和工作过程。

2. 掌握 DNS 服务器的相关配置文件。

能力目标

1. 能够实现主 DNS 服务器的配置和测试。
2. 能够实现辅助 DNS 服务器的配置和测试。

素质目标

1. 引导读者主动收集客户需求，按需配置服务器，逐步培养爱岗敬业精神和服务意识。
2. 引导读者独立思考，积极参与工作任务并按需提出优化建议。
3. 引导读者了解 DNS 进行域名解析的基本过程，了解我国拥有根域名服务器对网络空间安全的重要性，树立为我国网络安全和信息化建设做出贡献的价值观。

任务 7.1　安装与配置 DNS 服务器

任务描述

要想实现公司向外发布网站，员工简单、快捷地访问本地网络及 Internet 上的资源，都需要在公司局域网内部部署 DNS 服务器，Y 公司将此任务交给网络管理员小赵。接下来小赵的工作便是安装与配置 DNS 服务器。

任务要求

Kylin 操作系统通过安装 DNS 服务器，并在配置文件中创建主要区域、正向解析区域和反向解析区域，为用户提供 DNS 服务。服务器主机名、IP 地址、别名的对应关系如表 7.1.1 所示。

表 7.1.1　服务器主机名、IP 地址、别名的对应关系

主　机　名	IP 地址	别　　名	备　　注
master	192.168.1.201	无	用于主 DNS 服务器
slave	192.168.1.202	无	用于辅助 DNS 服务器和 DHCP 服务器
web	192.168.1.203	www	别名主要用于网络服务
mail	192.168.1.204	无	用于邮件服务器
client	192.168.1.210	无	客户端，用于测试

在网络上，所有计算机之间的通信都是依赖 IP 地址的，但是由于 IP 地址难以记忆，使用起来很不方便，因此人们通常使用文字性的、有意义的域名来访问网络上的主机。例如，使用域名 www.phei.com.cn 可以访问 phei 主机，但是在访问过程中仍然需要将域名转换为 IP 地址，这样计算机才能正确地访问主机。这种转换操作通常由专门的 DNS 服务器来完成。

1．DNS 的功能

DNS（Domain Name System，域名系统）是一种基于 TCP/UDP 的服务器，同时监听 TCP 和 UDP 的 53 端口。DNS 服务器所提供的服务是将主机名或域名与 IP 地址相互转换。通常将域名转换为 IP 地址的过程称为正向解析，将 IP 地址转换为域名的过程称为反向解析。

2．DNS 的组成

（1）域名空间：指定结构化的域名层次结构和相应的数据。

（2）域名服务器：服务器端用于管理区域（Zone）内的域名或资源记录，并负责其控制范围内所有的主机域名解析请求的程序。

（3）解析器：客户端向域名服务器提交解析请求的程序。

整个网络的 DNS 采用树形结构，由许多域（Domain）组成，从上到下依次为根域、顶级域、二级域及三级域。以 www.baidu.com 为例解析 DNS 的树形结构，如图 7.1.1 所示。

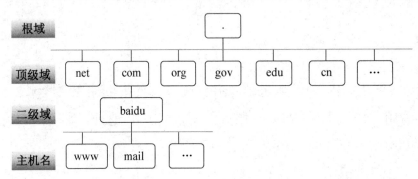

图 7.1.1　DNS 的树形结构

每个域至少有一个域名服务器，该服务器只需存储其控制范围内的域名和 IP 地址信息，同时向上级域的 DNS 服务器注册，也就是说，一级域名服务器管理二级域名服务器，二级域名服务器管理三级域名服务器。若是美国以外的国家，则其顶级域为国家代码，如中国为 cn、英国为 uk，而 com、edu 就成为二级域。例如，www.phei.com.cn，其顶级域为 cn，二级域为 com，三级域为 phei，主机名为 www。全球共有 13 台根服务器，大多数位于美国，在亚洲只有一台位于日本，三级域一般由各个国家的网络管理中心统一分配和管理。

3. DNS 的工作过程

本地主机发出请求后，首先查询本地的/etc/hosts 文件，若 hosts 文件中有解析结果，则返回 hosts 文件的解析结果；若没有，则查询本地 DNS 缓存。若本地 DNS 缓存中有结果，则返回结果；若没有，则查询本地第一台 DNS 服务器。先查询该 DNS 服务器缓存，若该 DNS 服务器缓存中有相应结果，则返回结果；若没有，则检查是不是该 DNS 服务器负责的域，若不是，则启用第二台 DNS 服务器。在第二台 DNS 服务器中也进行类似操作，若是该 DNS 服务器负责的域，则到该域的上一级服务器中查询，直至根域。若上一级服务器中有相应结果，则在本地服务器中添加该结果，以便下次查询，若直至查询到根域也没有结果，则查询失败。

4. DNS 服务器类型

1）主域名服务器（Master Server）

主域名服务器是本区域最权威的域名服务器，它在本地存储所管理的区域的地址数据库文件中，负责为用户提供权威的地址解析服务。在主域名服务器的区域配置文件中，通常可以看到 type=master 这样的属性。

2）辅助域名服务器（Slave Server）

辅助域名服务器也称从域名服务器，通常与主域名服务器一起工作，是主域名服务器的一个备份。辅助域名服务器的地址数据来源于主域名服务器，并且随着主域名服务器数据的变化而变化。在辅助域名服务器的区域配置文件中，通常可以看到 type=slave 这样的属性。

3）缓存域名服务器（Cache-Only Server）

缓存域名服务器可以运行域名服务器软件，但是不保存地址数据库文件。当用户发起查询请求时，缓存域名服务器会从其他远程服务器处获取每次域名服务器查询的结果，并将结果放在高速缓存中，以后遇到相同查询时就用该结果应答。缓存域名服务器提供的所有信息都是间接的，所以它不是权威服务器。

4）转发服务器（Forwarder Server）

转发服务器与其他 DNS 服务器不同的是，当遇到自己无法解析的用户请求时，它会把请求转发给其他 DNS 服务器，如果设置了多个转发器，那么它会按顺序转发，直到找到地址或全部转发完成为止。

5. DNS 服务器相关软件包

在 Kylin 操作系统中架设 DNS 服务器时，应用最多的是由加州大学伯克利分校开发的一款开源软件——BIND。BIND 是一款实现 DNS 服务器的开放源码软件，能够运行在当前大多数的操作系统上。目前，BIND 软件由互联网系统协会（Internet System Consortium，ISC）负责开发和维护。

DNS 服务器的主程序软件包为 bind-9.11.21-4.ky10.x86_64，具体如下所示。

```
bind-utils-9.11.21-4.ky10.x86_64          //在客户端搜索主机名的相关命令
bind-libs-9.11.21-4.ky10.x86_64           //BIND 库文件
bind-9.11.21-4.ky10.x86_64                //BIND 主程序
bind-libs-lite-9.11.21-4.ky10.x86_64      //BIND 库文件
```

6．DNS 服务器配置文件

在配置 DNS 服务器时，需要配置一组配置文件，最关键的是/etc/named.conf 和/etc/named.rfc1912.zones 文件。named 守护进程首先从/etc/named.conf 文件中获取其他配置文件的信息，然后按照各区域文件的内容提供域名解析服务。DNS 服务器的重要配置文件及其功能如表 7.1.2 所示。

表 7.1.2　DNS 服务器的重要配置文件及其功能

配 置 文 件	功　　　能
/etc/named.conf	主配置文件，用于配置 DNS 服务器的全局参数
/etc/named.rfc1912.zones	区域配置文件，用于指定区域类型、区域文件名及其保存路径
/var/named/named.ca	根域解析库，记录全球根域名服务器的 IP 地址和域名，用户可以定期对此文件进行更新
/var/named/named.localhost	本地主机正向解析区域文件，用于将本地主机名 localhost 解析为本地回送 IP 地址（127.0.0.1）
/var/named/named.loopback	本地主机反向解析区域文件，用于将本地回送 IP 地址（127.0.0.1）解析为本地主机名 localhost

1）主配置文件 named.conf

在安装 BIND 时，会在/etc 目录下创建一个名称为 named.conf 的主配置文件。named.conf 文件的内容如下所示。

```
//named.conf
options {                                  //options 选项用于定义 DNS 服务器的全局变量
        listen-on port 53 { 127.0.0.1; };     //指定 DNS 服务监听的 IPv4 地址
        listen-on-v6 port 53 { ::1; };        //指定 DNS 服务监听的 IPv6 地址
        directory    "/var/named";            //指定区域配置文件的默认目录
        dump-file    "/var/named/data/cache_dump.db";
        statistics-file "/var/named/data/named_stats.txt";
        memstatistics-file "/var/named/data/named_mem_stats.txt";
        secroots-file   "/var/named/data/named.secroots";
        recursing-file  "/var/named/data/named.recursing";
        allow-query     {localhost; };
        //表示仅允许本地主机查询，使用时一般修改为 any，表示允许网络内的所有主机查询
```

```
        recursion yes;                          //可以递归查询
        dnssec-enable yes;
        dnssec-validation yes;
        dnssec-lookaside auto;
        /* Path to ISC DLV key */
        bindkeys-file "/etc/named.iscdlv.key";
        managed-keys-directory "/var/named/dynamic";
    };
    logging {                                    //日志系统配置
            channel default_debug {
                    file "data/named.run";       //以文件形式存储日志
                    severity dynamic;            //存储日志的级别为 dynamic
            };
    };
     zone "." IN {                               //本段定义根域
                    type hint;
    //指定区域类型；master（主域名服务器）；slave（辅助域名服务器）；hint（根域名服务器）
                    file "named.ca";       //指定该区域数据库文件为 named.ca,默认已经生成
    };
    include "/etc/named.rfc1912.zones";          //包含解析文件列表
    include "/etc/named.root.key";
```

2）区域配置文件 named.rfc1912.zones

在 named.rfc1912.zones 文件中，主要定义的是 zone 语句，用户可以定义域名的正向解析、反向解析等。named.rfc1912.zones 文件中默认包含了本地主机域名/IP 地址解析的区域定义，zone 语句的基本语法格式如下所示。

```
zone "区域名称" IN {
 type DNS 服务器类型;
 file "区域文件名";
 allow-update { none;};
masters { 主域名服务器地址;};
};
```

zone 语句定义了区域的几个关键属性，包括 DNS 服务器类型、区域文件等。区域配置文件的参数及其功能如表 7.1.3 所示。

表 7.1.3　区域配置文件的参数及其功能

参　　数	功　　能
type	定义 DNS 服务器的类型，包括 4 种，分别为 hint（根域名服务器）、master（主域名服务器）、slave（辅助域名服务器）和 forward（转发服务器）

参　　数	功　　能
file	指定该区域的区域文件
allow-update	指定是否允许客户机或服务器自行更新 DNS 记录
masters	指定主域名服务器的 IP 地址，对应的主域名服务器必须承认并存放有该区域的数据，当 type 参数值为 slave 时有效

反向解析区域与正向解析区域的声明格式相同，只是 file 文件指定读取的文件不同，以及区域的名称不同。若要反向解析"x.y.z"网段，则反向解析的区域名称应被设置为"z.y.x.in-addr.arpa"。

3）区域文件

区域文件用于保存域名配置的文件。对 BIND 来说，一个域名对应一个区域文件。区域文件中包含了域名和 IP 地址的对应关系，以及一些其他资源，这些资源被称为资源记录。所以，区域文件就是一个由多条资源记录按照规定的顺序构成的文件，它与传统的/etc/hosts 文件类似。/var/named 目录下的 named.localhost 和 named.loopback 两个文件是正向解析区域文件和反向解析区域文件的配置模板。典型的正向解析区域文件和反向解析区域文件如例 7.1.1 和例 7.1.2 所示。

例 7.1.1：典型的正向解析区域文件

```
[root@bogon ~]#cat /var/named/named.localhost
$TTL 1D
@       IN SOA  @ rname.invalid. (
                                    0       ; serial
                                    1D      ; refresh
                                    1H      ; retry
                                    1W      ; expire
                                    3H )    ; minimum
        NS      @
        A       127.0.0.1
        AAAA    ::1
```

例 7.1.2：典型的反向解析区域文件

```
[root@master ~]#cat /var/named/named.loopback
$TTL 1D
@       IN SOA  @ rname.invalid. (
                                    0       ; serial
                                    1D      ; refresh
                                    1H      ; retry
```

```
                            1W      ; expire
                            3H )    ; minimum
         NS     @
         A      127.0.0.1
         AAAA   ::1
         PTR    localhost.
```

正向解析区域文件和反向解析区域文件常用的参数及其功能如表 7.1.4 所示。

表 7.1.4　正向解析区域文件和反向解析区域文件常用的参数及其功能

参　　数	功　　能
$TTL 1D	表示资源记录的生存周期（Time To Live），即地址解析记录的默认缓存天数。单位为秒，这里的"1D"表示 1 天
@	表示当前 DNS 的区域名，如"phei.com.cn."或"1.168.192.in-addr.arpa."
IN	表示将当前记录标识为一个 Internet 的 DNS 资源记录
SOA	表示起始授权记录（Start Of Authority），一种资源记录的类型。常见的资源记录类型有 SOA 和 NS
rname.invalid.	表示区域管理员的邮件地址
serial	表示本区域文件的版本号或更新序列号，当辅助 DNS 服务器要进行数据同步时，会比较这个号码，若发现主服务器的号码比自己的大，则进行更新，否则忽略。一般使用容易记忆的数字，如使用时间作为更新序列号，即 2022 年 8 月 12 日第 01 号可写作 2022081201
refresh	表示刷新时间。辅助 DNS 服务器根据定义的时间，周期性地检查主 DNS 服务器的序列号是否发生了变化。若发生了变化，则更新自己的区域文件。这里的"1D"表示 1 天
retry	表示辅助 DNS 服务器同步失败后，重试的时间间隔。这里的"1H"表示 1 小时
expiry	表示过期时间。如果辅助 DNS 服务器在有效期内无法与主 DNS 服务器取得联系，那么辅助 DNS 服务器不再响应查询请求，无法对外提供域名解析服务。这里的"1W"表示 1 周
minimum	表示对于没有特别指定存活周期的资源记录，minimum 参数值默认为 1 天，即 86 400 秒。这里的"3H"表示 3 小时
NS	表示域名服务器（Name Server），一种资源记录的类型。资源记录会指定该域名由哪个 DNS 服务器进行解析，格式为"@ IN NS master.phei.com.cn."
A 和 AAAA 资源记录	表示域名与 IP 地址的映射关系。A 资源记录用于 IPv4 地址，AAAA 资源记录用于 IPv6 地址，格式为"master IN A 192.168.1.201"
CNAME	表示别名记录，格式为"www1 IN CNAME www"，这里的"www1"表示 www 主机的别名
MX	定义邮件服务器，优先级默认为 10，数字越小，优先级越高，格式为"@ IN MX 10 mail.yiteng.cn."
PTR	指针记录（Pointer），表示 IP 地址与域名的映射关系。反向解析区域文件与正向解析区域文件的主要区别就在此记录上。PTR 记录常被用于用户 DNS 的反向解析，格式为"201 IN PTR www.phei.com.cn."。这里的"201"表示 IP 地址中的主机号，IP 地址是 192.168.1.201，完整的记录名是 201.1.168.192.in-addr.arpa

7．DNS 服务的启动和停止

BIND DNS 服务的后台守护进程是 named，因此，在启动、停止 DNS 服务和查询 DNS 服务状态时要以 named 为参数。

8．测试 DNS 服务的工具

在 DNS 客户端上测试 DNS 服务。BIND 软件包提供了 3 个实用的 DNS 服务测试工具——nslookup、dig 和 host。其中。dig 和 host 是命令行工具，而 nslookup 有命令行模式和交互模式两种模式。这里主要介绍 nslookup 工具的使用方法。

（1）安装 DNS 服务测试工具，如下所示。

```
[root@client ~]# dnf install -y bind-utils  //如未安装，可安装 DNS 服务测试工具
```

（2）使用 nslookup 工具测试 DNS 服务。在命令行中使用 nslookup 命令进入交互模式，如下所示。

```
[root@client ~]# nslookup
> master.phei.com.cn.                       //正向解析
Server:         192.168.1.201               //显示 DNS 服务器的 IP 地址
Address:        192.168.1.201#53
Name:   master.phei.com.cn
Address: 192.168.1.201
> 192.168.1.203                             //反向解析
203.1.168.192.in-addr.arpa    name = web.phei.com.cn.
> set type=NS                               //查询区域的 DNS 服务器
> phei.com.cn                               //输入域名
Server:         192.168.1.201
Address:        192.168.1.201#53

phei.com.cn     nameserver = phei.com.cn.
> set type=MX                               //查询区域的邮件服务器
> phei.com.cn                               //输入域名
Server:         192.168.1.201
Address:        192.168.1.201#53

phei.com.cn     mail exchanger = 5 mail.phei.com.cn.
> set type=CNAME                            //查询别名
> www.phei.com.cn                           //输入域名
Server:         192.168.1.201
Address:        192.168.1.201#53
```

```
www.phei.com.cn canonical name = web.phei.com.cn.
>exit                                          //退出
```

小提示

因为 BIND 软件的后台守护进程默认以 named 用户的身份运行,所以必须保证 named 用户对新建的文件有读权限。

📌 任务实施

1. 查询 DNS 服务器的 BIND 软件包是否安装

使用 rpm -qa |grep bind 命令查询 BIND 软件包是否安装,如下所示。

```
[root@master ~]# rpm -qa|grep bind
bind-utils-9.11.21-4.ky10.x86_64
rpcbind-1.2.5-2.ky10.x86_64
bind-libs-9.11.21-4.ky10.x86_64
python3-bind-9.11.21-4.ky10.noarch
keybinder3-0.3.2-8.ky10.x86_64
bind-9.11.21-4.ky10.x86_64
bind-libs-lite-9.11.21-4.ky10.x86_64
//结果显示,该系统已安装 BIND 软件包
```

2. 安装 DNS 服务器的 BIND 软件包

如果该系统未安装 BIND 软件包,则可以使用 dnf install -y bind bind-utils 命令安装 DNS 服务器所需要的软件包,如下所示。

```
[root@master ~]#dnf install -y bind bind-utils
上次元数据过期检查:0:06:55 前,执行于 2023 年 10 月 20 日 星期五 09时 29 分 36 秒。
依赖关系解决。
 ……                                          //此处省略部分内容
事务概要
================================================================
安装  8 软件包
总计:31 M
安装大小:66 M
下载软件包:
 ……                                          //此处省略部分内容
已安装:
  GeoIP-1.6.12-5.ky10.x86_64              GeoIP-GeoLite-data-2018.06-3.ky10.noarch
  bind-32:9.11.21-4.ky10.x86_64          bind-libs-32:9.11.21-4.ky10.x86_64
```

```
bind-libs-lite-32:9.11.21-4.ky10.x86_64    bind-utils-32:9.11.21-4.ky10.x86_64
libmaxminddb-1.2.0-7.ky10.x86_64           python3-bind-32:9.11.21-4.ky10.noarch
完毕！
```

3．配置主 DNS 服务器

步骤 1：配置服务器 master 的 IP 地址/子网掩码为 192.168.1.201/24，DNS 地址为 192.168.1.201，前面已经介绍过具体配置方法，这里不再详述。

步骤 2：修改主配置文件/etc/named.conf。在/etc/named.conf 文件中，需要修改 listen-on port 53 和 allow-query 的参数值为 any，如下所示。

```
[root@master ~]#vim /etc/named.conf
options {
        listen-on port 53 { any; };                   //将 127.0.0.1 修改为 any
        listen-on-v6 port 53 { ::1; };
        directory       "/var/named";
        dump-file       "/var/named/data/cache_dump.db";
        statistics-file "/var/named/data/named_stats.txt";
        memstatistics-file "/var/named/data/named_mem_stats.txt";
        allow-query     { any; };                      //将 localhost 修改为 any
```

步骤 3：修改区域配置文件/etc/named.rfc1912.zones。在/etc/named.rfc1912.zones 文件末尾添加内容，如下所示。

```
[root@master ~]#vim /etc/named.rfc1912.zones      //在义件末尾添加内容
zone "phei.com.cn" IN {
        type master;
        file "phei.com.cn.zone";
};
zone "1.168.192.in-addr.arpa" IN {
        type master;
        file "192.168.1.zone";
};
```

步骤 4：在/var/named 目录下创建正向解析区域文件 phei.com.cn.zone 和反向解析区域文件 192.168.1.zone，如下所示。

```
[root@master ~]#cd /var/named
[root@master named]#cp -p named.localhost phei.com.cn.zone
[root@master named]#cp -p named.loopback 192.168.1.zone
[root@master named]#ls -l *zone
-rw-r-----. 1 root named 168 12月 15 2009 192.168.1.zone
-rw-r-----. 1 root named 152 6月  21 2007 phei.com.cn.zone
```

步骤 5：配置正向解析区域文件。在主 DNS 服务器的/var/named 目录下打开正向解析区域文件 phei.com.cn.zone，修改后的内容如下所示。

```
[root@master named]#vim phei.com.cn.zone
$TTL 1D
@       IN SOA  @ rname.invalid. (
                                0       ; serial
                                1D      ; refresh
                                1H      ; retry
                                1W      ; expire
                                3H )    ; minimum
        NS      @
@       MX      5       mail.phei.com.cn.
        A               192.168.1.201
master  A               192.168.1.201
slave   A               192.168.1.202
web     A               192.168.1.203
mail    A               192.168.1.204
client  A               192.168.1.210
www     CNAME           web
```

步骤 6：配置反向解析区域文件。在主 DNS 服务器的/var/named 目录下打开反向解析区域文件 192.168.1.zone，修改后的内容如下所示。

```
[root@master named]#vim 192.168.1.zone
$TTL 1D
@       IN SOA  @ rname.invalid. (
                                0       ; serial
                                1D      ; refresh
                                1H      ; retry
                                1W      ; expire
                                3H )    ; minimum
        NS      @
@       MX      5       mail.phei.com.cn.
        A               192.168.1.201
201     PTR             master.phei.com.cn.
202     PTR             slave.phei.com.cn.
203     PTR             web.phei.com.cn.
204     PTR             mail.phei.com.cn.
210     PTR             client.phei.com.cn.
```

4. 重启 DNS 服务

在配置完成后，重启 DNS 服务，并设置开机自动启动，如下所示。

```
[root@master ~]# systemctl restart named
[root@master ~]# systemctl enable named
```

5. 关闭防火墙服务

在配置完成后，关闭服务器 master 的防火墙服务，并设置开机不自动启动，如下所示。

```
[root@master ~]# systemctl stop firewalld
[root@master ~]# systemctl disable firewalld
```

6. 配置 DNS 服务器地址

在 DNS 客户端配置 DNS 服务器地址，确保两台主机之间的网络连接正常，如下所示。

```
[root@client ~]# vim /etc/resolv.conf
nameserver 192.168.1.201
```

7. 测试 DNS 服务

使用 nslookup 工具测试 DNS 服务。在命令行中使用 nslookup 命令进入交互模式，如下所示。

```
[root@client ~]# nslookup
> master.phei.com.cn                                    //正向解析
Server:          192.168.1.201                          //显示 DNS 服务器的 IP 地址
Address:         192.168.1.201#53
Name:   master.phei.com.cn
Address: 192.168.1.201
> 192.168.1.201                                         //反向解析
Server:          192.168.1.201
Address:         192.168.1.201#53
201.1.168.192.in-addr.arpa      name = master.phei.com.cn.
> set type=NS                                           //查询区域的 DNS 服务器
> phei.com.cn                                           //输入域名
Server:          192.168.1.201
Address:         192.168.1.201#53
phei.com.cn     nameserver = phei.com.cn.
> set type=MX                                           //查询区域的邮件服务器
> phei.com.cn                                           //输入域名
Server:          192.168.1.201
Address:         192.168.1.201#53
```

```
phei.com.cn    mail exchanger = 5 mail.phei.com.cn.
> set type=CNAME                              //查询别名
> www.phei.com.cn                             //输入域名
Server:        192.168.1.201
Address:       192.168.1.201#53
www.phei.com.cn  canonical name = web.phei.com.cn.
Name: web.phei.com.cn
Address:192.168.1.203
```

 任务小结

（1）DNS 服务器的主要作用是提供域名与 IP 地址相互转换的功能。

（2）实现 DNS 服务的 BIND 软件，在安装时的软件包为 BIND，服务的后台守护进程是 named。

任务 7.2　配置辅助 DNS 服务器

任务描述

随着公司规模扩大，上网人数增加，Y 公司主 DNS 服务器的负荷越来越重，为了防止单点故障，网络管理员小赵想增加一台辅助 DNS 服务器，实现 DNS 服务器的负载均衡和冗余备份。这样即使主 DNS 服务器出现故障，也不影响用户访问 Internet。

任务要求

辅助 DNS 服务器是 DNS 服务器的一种容错机制，当主 DNS 服务器遇到故障不能正常工作时，辅助 DNS 服务器可以立即分担主 DNS 服务器的工作，提供域名解析服务。服务器的主机名、IP 地址及其对应关系如表 7.2.1 所示。

表 7.2.1　服务器的主机名、IP 地址及其对应关系

主 机 名	IP 地址	对 应 关 系
master	192.168.1.201	主 DNS 服务器
slave	192.168.1.202	辅助 DNS 服务器
client	192.168.1.210	客户端，用于测试

 知 识 链 接

在 Internet 中，通常使用域名来访问 Internet 上的服务器，因此 DNS 服务器在 Internet 的

访问中就显得十分重要，如果 DNS 服务器出现故障，那么即使 Internet 本身通信正常，也无法通过域名访问 Internet。

为了保证域名解析正常，除了一台主域名服务器，还可以安装一台或多台辅助域名服务器。辅助域名服务器只创建与主域名服务器相同的辅助区域，而不创建区域内的资源记录，所有的资源记录都从主域名服务器同步传送到辅助域名服务器上。

任务实施

1. 设置服务器 slave 的 IP 地址/子网掩码并安装 BIND 软件包

设置服务器 slave 的 IP 地址/子网掩码为 192.168.1.202/24，并使用 dnf install -y bind 命令一键安装 BIND 软件包，前面已经介绍过，这里不再详述。

2. 配置/etc/named.conf 文件

与配置主 DNS 服务器的配置文件一样，这里不再详述。

3. 配置/etc/named.rfc1912.zones 文件

与配置主 DNS 服务器一样，配置辅助 DNS 服务器时同样需要配置 named.rfc1912.zones 文件，创建接收主 DNS 数据的区域。与主 DNS 服务器不同的是，这里需要将 type 参数的值设置为 slave，用于说明这是一个辅助区域，并且需要增加一个 masters 参数，用于指向该区域的主 DNS 服务器的 IP 地址，辅助 DNS 服务器就会从该 IP 地址处接收数据。在主 DNS 服务器中，区域数据库文件是存放在/var/named 目录下的，在一般情况下，这些数据是用户自己创建的；而在辅助 DNS 服务器中，区域数据库文件是存放在/var/named/slaves 目录下的，系统会自动把主 DNS 服务器传送过来的数据保存在该目录下而无须人为干预。辅助 DNS 服务器会将更新请求转发给主 DNS 服务器来实现动态更新，如下所示。

```
[root@slave ~]#vim /etc/named.rfc1912.zones    //在文件末尾添加
zone "phei.com.cn" IN {
type slave;
file "slaves/phei.com.cn.zone";
masters { 192.168.1.201; };
};
zone "1.168.192.in-addr.arpa" IN {
type slave;
file "slaves/192.168.1.zone";
masters { 192.168.1.201; };
};
```

小提示

在默认情况下，主 DNS 服务器可以将区域数据传送到所有服务器中。为安全起见，一般会设定主 DNS 服务器只能将区域数据传送到辅助 DNS 服务器中。在主 DNS 服务器的主配置文件中添加"allow-transfer{IP 地址;};"，可以设定全局允许传送的地址，在区域配置文件中添加"allow-transfer{IP 地址;};"，可以设定某个区域允许传送的地址。

4. 重启辅助 DNS 服务

在配置完成后，重启辅助 DNS 服务，并设置开机自动启动，如下所示。

```
[root@slave ~]#systemctl restart named
[root@slave ~]#systemctl enable named
```

5. 关闭防火墙服务

在配置完成后，关闭服务器 slave 的防火墙服务，并设置开机不自动启动，如下所示。

```
[root@salve ~]#systemctl stop firewalld
[root@salve ~]#systemctl disable firewalld
```

6. 查看区域传送情况

（1）查看主 DNS 服务器上的 BIND 日志文件，如下所示。

```
[root@master ~]# cat /var/named/data/named.run |grep transfer
client  @0x7f98140b0530  192.168.1.202#57521  (phei.com.cn):  transfer  of
'phei.com.cn/IN': AXFR started (serial 0)
    client  @0x7f98140b0530  192.168.1.202#57521  (phei.com.cn):  transfer  of
'phei.com.cn/IN': AXFR ended
    client  @0x7f980c0029c0   192.168.1.202#46439   (1.168.192.in-addr.arpa):
transfer of '1.168.192.in-addr.arpa/IN': AXFR started (serial 0)
    client  @0x7f980c0029c0   192.168.1.202#46439   (1.168.192.in-addr.arpa):
transfer of '1.168.192.in-addr.arpa/IN': AXFR ended
    //可以看出, phei.com.cn 的正/反向解析区域文件已经传送了
```

（2）查看辅助 DNS 服务器上的 BIND 日志文件，如下所示。

```
[root@slave ~]#cat /var/named/data/named.run |grep transfer
transfer  of  'phei.com.cn/IN'  from  192.168.1.201#53:  connected  using
192.168.1.202#57521
zone phei.com.cn/IN: transferred serial 0
transfer of 'phei.com.cn/IN' from 192.168.1.201#53: Transfer status: success
transfer of 'phei.com.cn/IN' from 192.168.1.201#53: Transfer completed: 1
```

```
messages, 11 records, 287 bytes, 0.001 secs (287000 bytes/sec)
    transfer of '1.168.192.in-addr.arpa/IN' from 192.168.1.201#53: connected
using 192.168.1.202#46439
    zone 1.168.192.in-addr.arpa/IN: transferred serial 0
    transfer of '1.168.192.in-addr.arpa/IN' from 192.168.1.201#53: Transfer
status: success
    transfer of '1.168.192.in-addr.arpa/IN' from 192.168.1.201#53: Transfer
completed: 1 messages, 10 records, 301 bytes, 0.004 secs (75250 bytes/sec)
    //可以看出，从 192.168.1.201 传送过来的区域 phei.com.cn，一共 11 个记录，共 287 B，用
时 0.001 秒；区域 1.168.192.in-addr.arpa，一共 10 个记录，共 301 B，用时 0.004 秒
```

（3）查看辅助 DNS 服务器中的 slaves 目录，可以看到，已经自动生成了正/反向解析区域文件，如下所示。

```
[root@slave ~]# ll /var/named/slaves/
-rw-r--r-- 1 named named 659 10月 22 03:28 192.168.1.zone
-rw-r--r-- 1 named named 529 10月 22 03:28 phei.com.cn.zone
```

7. 辅助 DNS 服务器的测试

在测试辅助 DNS 服务器之前，要先将主 DNS 服务器关机，然后使用 nslookup 命令来测试，如下所示。

```
[root@client ~]#cat /etc/resolv.conf
nameserver 192.168.1.201
nameserver 192.168.1.202
[root@client ~]#nslookup
> www.phei.com.cn
Server:         192.168.1.202
Address:        192.168.1.202#53
www.phei.com.cn canonical name = web.phei.com.cn.
Name:   web.phei.com.cn
Address: 192.168.1.203
> 192.168.1.203
203.1.168.192.in-addr.arpa      name = web.phei.com.cn.
>exit
//可以看出，辅助 DNS 服务器能够独立完成正反向的解析任务，表示辅助 DNS 服务器配置成功
```

任务小结

（1）在创建正/反向解析区域文件时，一定要加-p 选项，否则会造成配置不成功。

（2）在配置辅助 DNS 服务器时，正/反向解析区域文件的数据是自动生成的。

项目 8

配置与管理 DHCP 服务器

● **项目描述**

　　Y 公司是一家电子商务运营公司，现在需要实现员工的计算机只要插上网线就能自动获取网络资源，手机只要连上 Wi-Fi 就能正常通信。而这些连接服务器的过程，以及常见设备自动连接网络的过程，一般都需要 DHCP 服务器来提供支持。

　　DHCP（Dynamic Host Configuration Protocol，动态主机配置协议）是一个局域网的网络协议，基于 UDP（User Datagram Protocol，用户数据报协议）工作，主要用于管理内部网络的计算机，特别是 IP 地址分配。在计算机网络中，每台计算机都有自己的 IP 地址，IP 地址是它们的唯一标识。若同一网络中的计算机数量过多，则由管理员为每台计算机单独指定 IP 地址，这样的工作量很大，容易出现 IP 地址重复的问题。此时可以借助 DHCP 服务器来配置客户端的网络信息，如 IP 地址、子网掩码、网关地址、DNS 地址等，使网络的集中管理更加方便，因此在企事业单位中被广泛应用。

　　本项目主要介绍 DHCP 服务器的基本工作原理和 DHCP 服务器的配置方法。项目拓扑结构如图 8.0.1 所示。

DHCP服务器	域名：phei.com.cn	DHCP客户端
slave	虚拟交换机	client
IP地址/子网掩码：192.168.1.202/24		IP地址/子网掩码：自动获取
网关地址：192.168.1.254		网关地址：自动获取
DNS地址：192.168.1.201		DNS地址：自动获取

图 8.0.1　项目拓扑结构

 **知识目标**

1. 了解 DHCP 的工作原理。

2. 掌握 DHCP 服务器的相关配置文件。

能力目标

1. 能够正确安装、配置和启动 DHCP 服务器。
2. 能够正确配置 DHCP 客户端。
3. 能够让 DHCP 客户端正确获取服务器的 IP 地址。

素质目标

1. 引导读者主动收集客户需求，按需配置服务器，逐步培养爱岗敬业精神和服务意识。
2. 引导读者发扬工匠精神，努力实现服务器业务的高可用性。
3. 培养读者的节约意识，实现服务器硬件资源使用均衡。

任务 8.1　安装与配置 DHCP 服务器

任务描述

最近一段时间，Y 公司的网络管理员小赵收到了很多计算机出现 IP 地址冲突问题的求助，经检查发现，是因为部分员工自行设置 IP 地址造成的，于是小赵准备在信息中心的 Kylin 服务器上使用动态分配 IP 地址的方式来解决 IP 地址冲突的问题。

任务要求

在信息中心的 Kylin 服务器上安装 DHCP 软件包，可以实现动态分配 IP 地址的功能。DHCP 服务可以为主机动态分配 IP 地址，解决 IP 地址冲突问题。DHCP 服务的关键设置项如表 8.1.1 所示。

表 8.1.1　DHCP 服务的关键设置项

DHCP 选项	公司现有网络情况	计划设置方案
IP 地址范围	内网网段为 192.168.1.0/24	起始 IP 地址：192.168.1.1 结束 IP 地址：192.168.1.253
排除	服务器使用的 IP 地址范围为 192.168.1.201 至 192.168.1.209 默认网关的 IP 地址为 192.168.1.254	排除服务器所用的 IP 地址范围（192.168.1.201 至 192.168.1.209） 排除默认网关，其 IP 地址已在 IP 地址范围外，此处无须排除
租约时间	无	默认租约时间为 600 秒，最大租约时间为 7 200 秒

续表

DHCP 选项	公司现有网络情况	计划设置方案
默认网关	IP 地址为 192.168.1.254	IP 地址为 192.168.1.254
DNS 服务器	IP 地址为 192.168.1.201、202.96.128.86	IP 地址为 192.168.1.201、202.96.128.86

1. DHCP 概述

DHCP 的前身是 BOOTP（Bootstrap Protocol，引导程序协议），它工作在 OSI 的应用层，是一种帮助计算机从指定的 DHCP 服务器处获取信息、用于简化计算机 IP 地址配置和管理的网络协议，可以自动为计算机分配 IP 地址，减轻网络管理员的工作负担。

DHCP 是基于客户端/服务器模式运行的，请求配置信息的计算机叫作 DHCP 客户端，而提供信息的叫作 DHCP 服务器。服务器使用固定的 IP 地址，在局域网中扮演着给客户端提供动态 IP 地址、DNS 配置和网关配置的角色。客户端与 IP 地址相关的配置，都在启动时由服务器自动分配。

2. DHCP 的功能

DHCP 有两种分配 IP 地址的方式：静态分配和动态分配。静态分配是指由网络管理员或用户直接在网络设备接口等设置选项中输入 IP 地址及子网掩码等，适合具备一定计算机网络基础的用户使用。但是这种方式容易因输入错误而造成 IP 地址冲突，所以在网络主机数量较少的情况下，可以手动为网络中的主机分配静态 IP 地址，但有时工作量很大，就需要使用动态分配的方式。在使用动态分配的方式时，每台计算机并没有固定的 IP 地址，而是在计算机开机时才会被分配一个 IP 地址，这台计算机被称为 DHCP 客户端。在网络中提供 DHCP 服务的计算机被称为 DHCP 服务器。DHCP 服务器利用 DHCP 为网络中的主机分配动态 IP 地址，并提供子网掩码、默认网关、路由器的 IP 地址，以及 DNS 服务器的 IP 地址等。

使用动态分配的方式可以减少管理员的工作量，减少用户手动输入所产生的错误，适用于计算机数量较多的网络环境。只要 DHCP 服务器正常工作，IP 地址就不会发生冲突。在大批量地修改计算机所在子网或其他 IP 参数时，只需要在 DHCP 服务器上进行即可，管理员不必为每台计算机设置 IP 地址等参数。

3. DHCP 的工作原理

DHCP 基于客户端/服务器模式运行，使用 UDP 作为传输层传输协议，并使用 67、68 端口。DHCP 动态分配 IP 地址的方式分为以下 3 种。

（1）自动分配。当 DHCP 客户端第一次成功地从 DHCP 服务器上获取 IP 地址后，就永久地使用这个地址。

（2）动态分配。当 DHCP 客户端第一次从 DHCP 服务器上租用 IP 地址后，并非永久地使用该地址，只要租约到期，DHCP 客户端就必须释放这个 IP 地址，以供其他工作站使用。当然，DHCP 客户端可以比其他主机更优先地更新租约，或者租用其他 IP 地址。

（3）手动分配。DHCP 客户端的 IP 地址是由管理员指定的，DHCP 服务器只是把指定的 IP 地址告诉 DHCP 客户端。

在 DHCP 的工作过程中，DHCP 客户端与 DHCP 服务器主要以广播数据包的形式进行通信，发送数据包的目的地址为 255.255.255.255。DHCP 客户端和 DHCP 服务器的交互过程如图 8.1.1 所示。

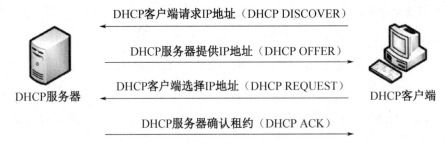

图 8.1.1 DHCP 客户端和 DHCP 服务器的交互过程

（1）DHCP DISCOVER：IP 地址租用申请。

DHCP 客户端发送 DHCP DISCOVER 广播包，目的端口为 67 端口，该广播包中包含 DHCP 客户端的硬件地址（MAC 地址）和计算机名。

（2）DHCP OFFER：IP 地址租用提供。

DHCP 服务器在收到 DHCP 客户端的请求后，会从地址池中拿出一个未分配的 IP 地址，并通过 DHCP OFFER 广播包告知 DHCP 客户端。如果有多台 DHCP 服务器，那么 DHCP 客户端会使用第一个收到的 DHCP OFFER 广播包中的 IP 地址。

（3）DHCP REQUEST：IP 地址租用选择。

DHCP 客户端在收到 DHCP 服务器发来的 IP 地址后，会发送 DHCP REQUEST 广播包，以告知网络中的 DHCP 服务器自己要使用的 IP 地址。

（4）DHCP ACK：IP 地址租用确认。

被选中的 DHCP 服务器会回应给 DHCP 客户端一个 DHCP ACK 广播包，以将其要使用的 IP 地址分配给该 DHCP 客户端使用。

除上述 4 个主要步骤外，DHCP 的工作过程还会涉及 DHCP 客户端的重新登录，以及更新 IP 地址租用信息。

DHCP 客户端在重新登录时，会直接发送包含前一次获得的 IP 地址的 DHCP REQUEST 广播包，该广播包的源 IP 地址为 0.0.0.0，目标 IP 地址为前一次为 DHCP 客户端分配 IP 地址的 DHCP 服务器的 IP 地址。当 DHCP 服务器收到消息后，发送 DHCP ACK 单播包以允许

DHCP 客户端继续使用原来分配的 IP 地址，若已经无法再为 DHCP 客户端分配原来的 IP 地址，则发送 DHCP NACK 单播包以拒绝 DHCP 客户端的请求，后者将发送 DHCP DISCOVER 广播包以请求新的 IP 地址。

当租用期限到达 50%后，DHCP 客户端就要向 DHCP 服务器以单播的方式发送 DHCP REQUEST 广播包，以便更新 IP 地址租用信息。当 DHCP 客户端收到 DHCP ACK 单播包时，会更新租用期限及其他选项参数。当 DHCP 客户端无法收到 DHCP ACK 单播包时，会继续使用现有的 IP 地址，直到租用期限到达 87.5%后再次发送 DHCP REQUEST 广播包，若依然没有得到回复，则发送 DHCP DISCOVER 广播包以请求新的 IP 地址。

小提示

在 DHCP 客户端发送 DHCP DISCOVER 报文后，若没有 DHCP 服务器响应 DHCP 客户端的请求，则 DHCP 客户端会随机使用 169.254.0.0/16 网段中的一个 IP 地址作为本机地址。

4. DHCP 服务器相关软件包

DHCP 服务器的主程序软件包为 dhcp，具体如下所示。

```
dhcp-help-4.4.2-3.ky10.noarch            //DHCP 帮助包
dhcp-4.4.2-3.ky10.x86_64                 //DHCP 主程序
```

5. DHCP 服务器配置文件

DHCP 服务器的主配置文件是/etc/dhcp/dhcpd.conf。在 Kylin 操作系统上安装好 DHCP 软件后，就会生成此文件。在默认情况下，该文件的内容如下所示。

```
[root@slave ~]#cat -n /etc/dhcp/dhcpd.conf
1#
2# DHCP Server Configuration file.
3#   see /usr/share/doc/dhcp-server/dhcpd.conf.example
4#   see dhcpd.conf(5) man page
5#
```

其中，/usr/share/doc/dhcp-server/dhcpd.conf.example 文件是模板文件，用户可以参考此文件来进行配置（需要先将 DHCP 服务器的软件包升级才可以使用）。可以使用复制或文件重定向的方式，将该文件的内容读入/etc/dhcp/dhcpd.conf 文件，具体操作如下所示。

```
[root@slave ~]#cp /usr/share/doc/dhcp-server/dhcpd.conf.sample /etc/dhcp/
dhcpd.conf
    //将模板文件复制到配置文件中
```

或

```
[root@slave ~]#cat /usr/share/doc/dhcp-server/dhcpd.conf.example>/etc/dhcp/
dhcpd.conf
//将模板文件重定向到配置文件中
```

DHCP 服务器主配置文件 dhcpd.conf 分为全局配置和局部配置两部分。全局配置可以包含参数或选项，对整个 DHCP 服务器生效；局部配置通常由声明表示，仅对局部内容和某个声明生效。下面重点介绍 dhcpd.conf 文件的格式和相关配置。

dhcpd.conf 文件的格式如例 8.1.1 所示。

例 8.1.1：dhcpd.conf 文件的格式

```
#全局配置
参数或选项；              //全局范围内生效

#局部配置
声明 {
    参数或选项；          //局部范围内生效
}
```

dhcpd.conf 文件的特点如下。

（1）注释内容以"#"开头，可以将临时无用的内容进行注释。

（2）除了花括号"{}"，其他每一行都以"；"结尾。

dhcpd.conf 文件由参数、选项和声明 3 种要素组成。

（1）参数。参数通常用于表明如何执行任务，是否要执行任务，格式为"参数名 参数值；"。DHCP 服务常用的参数及其功能如表 8.1.2 所示。

表 8.1.2　DHCP 服务常用的参数及其功能

参　　数	功　　能
ddns-update-style	设置 DNS 服务动态更新的类型
default-lease-time	默认租约时间，单位是秒
max-lease-time	最大租约时间，单位是秒
log-facility	指定日志文件名
hardware	指定网卡接口类型和 MAC 地址
server-name	通知 DHCP 客户端服务器名称
fixed-address	分配给 DHCP 客户端一个固定的 IP 地址

（2）选项。选项通常用于配置 DHCP 客户端的可选参数，全部以关键字"option"开头，如"option 参数名 参数值；"。DHCP 服务常用的选项及其功能如表 8.1.3 所示。

表 8.1.3   DHCP 服务常用的选项及其功能

选　　项	功　　能
subnet-mask	为 DHCP 客户端指定子网掩码
domain-name	为 DHCP 客户端指定 DNS 服务器域名
domain-name-servers	为 DHCP 客户端指定 DNS 服务器地址
host-name	为 DHCP 客户端指定主机名
routers	为 DHCP 客户端指定默认网关
broadcast-address	为 DHCP 客户端指定广播地址

（3）声明。声明通常用于指定 IP 作用域，定义 DHCP 客户端分配的 IP 地址等。两种最常用的声明是 subnet 声明和 host 声明。subnet 声明用于定义作用域和指定子网；host 声明用于定义保留地址，实现 IP 地址和 DHCP 客户端 MAC 地址的绑定。DHCP 服务常用的声明及其功能如表 8.1.4 所示。

表 8.1.4   DHCP 服务常用的声明及其功能

声　　明	功　　能
shared-network	告知是否允许子网分享相同网络
subnet	描述一个 IP 地址是否属于该网络
range	IP 地址范围
host	指定 DHCP 客户端的主机名

6．租约数据库文件

租约数据库文件用于保存一些列的租约声明，其中包含客户端的主机名、MAC 地址、分配到的 IP 地址及 IP 地址的有效期等相关信息。这个数据库文件是可编辑的 ASCII 格式的文本文件，每当租约变化的时候，都会在文件结尾添加新的租约记录。

在刚安装好 DHCP 服务时，租约数据库文件 dhcpd.leases 是一个空文件。当 DHCP 服务正常运行时，可以使用 cat 命令查看租约数据库文件的内容，如下所示。

```
cat /var/lib/dhcpd/dhcpd.leases
```

7．DHCP 服务的启动和停止

DHCP 服务的后台守护进程是 dhcpd，因此在启动、停止 DHCP 服务和查询 DHCP 服务状态时要以 dhcpd 为参数。

任务实施

1．查询 DHCP 服务器软件包是否安装

使用 rpm -qa |grep dhcp 命令查询 DHCP 服务器软件包是否安装，如下所示。

```
[root@slave ~]# rpm -qa|grep dhcp
dhcp-help-4.4.2-3.ky10.noarch
dhcp-4.4.2-3.ky10.x86_64
//结果显示，该系统已安装 DHCP 服务器软件包
```

2．升级 DHCP 服务器软件包

因为麒麟官方公布了 DHCP 安全漏洞，所以需要升级 DHCP 服务器软件包，以保证该软件包的安全性。使用 dnf update -y dhcp dhcp-help 命令进行升级，如下所示。

```
[root@slave ~]# dnf update -y dhcp dhcp-help
[root@slave ~]# dnf update -y dhcp
Kylin Linux Advanced Server 10 - Os          1.3 MB/s |  14 MB    00:10
Kylin Linux Advanced Server 10 - Updates     1.9 MB/s |  14 MB    00:08
上次元数据过期检查：0:00:05 前，执行于 2023 年 10 月 23 日 星期一 12 时 08 分 42 秒。
依赖关系解决。
   ......                                              //此处省略部分内容
升级   2 软件包
下载软件包：
(1/2)：dhcp-help-4.4.2-9.ky10.noarch.rpm      887 kB/s | 245 kB    00:00
(2/2)：dhcp-4.4.2-9.ky10.x86_64.rpm          1.8 MB/s | 4.4 MB    00:02
------------------------------------------------------------------------
----------
总计                                         1.9 MB/s | 4.6 MB    00:02
dhcp-4.4.2-9.ky10.x86_64.rpm                 1.2 MB/s | 4.4 MB    00:03
   ......                                              //此处省略部分内容
导入公钥成功
运行事务检查
事务检查成功。
运行事务测试
事务测试成功。
运行事务
   ......                                              //此处省略部分内容
已升级：
  dhcp-12:4.4.2-9.ky10.x86_64             dhcp-help-12:4.4.2-9.ky10.noarch
完毕！
[root@slave ~]# rpm -qa|grep dhcp                       //验证升级是否成功
dhcp-help-4.4.2-9.ky10.noarch
dhcp-4.4.2-9.ky10.x86_64
//需要注意的是，升级时要确保 Kylin 操作系统能正常访问互联网和可以通过 yum 的 HTTP 源安装
软件包
```

3. 配置 DHCP 服务器

步骤 1：配置服务器 slave 的 IP 地址/子网掩码为 192.168.1.202/24，DNS 地址为 192.168.1.201，前面已经介绍过具体配置方法，这里不再详述。

步骤 2：将模板文件复制到/etc/dhcp/dhcpd.conf 文件中，具体命令如下所示。

```
[root@slave ~]#cp /usr/share/doc/dhcp-server/dhcpd.conf.example /etc/dhcp/
dhcpd.conf
    cp：是否覆盖"/etc/dhcp/dhcpd.conf"？ y
```

步骤 3：修改主配置文件，在修改完成后保存并退出，具体内容如下所示。

```
[root@slave ~]# vim /etc/dhcp/dhcpd.conf
log-facility local7;
subnet 192.168.1.0 netmask 255.255.255.0 {
  range 192.168.1.1 192.168.1.200;
  range 192.168.1.210 192.168.1.253;
  option domain-name-servers 192.168.1.201,202.96.128.86;
  option domain-name "phei.com.cn";
  option routers 192.168.1.254;
  option broadcast-address 192.168.1.255;
  default-lease-time 600;
  max-lease-time 7200;
}
```

4. 重启 DHCP 服务

在配置完成后，重启 DHCP 服务，并设置开机自动启动，如下所示。

```
[root@slave ~]# systemctl restart dhcpd
[root@slave ~]# systemctl enable dhcpd
```

5. 关闭防火墙服务

在配置完成后，关闭服务器 slave 的防火墙服务，并设置开机不自动启动，如下所示。

```
[root@salve ~]#systemctl stop firewalld
[root@salve ~]#systemctl disable firewalld
```

6. 配置 DHCP 客户端

在不同操作系统下，DHCP 客户端的配置有所不同。

1）在 Linux 操作系统下的配置

步骤 1：打开网卡配置文件/etc/sysconfig/network-scripts/ifcfg-ens160，删除或注释 IPADDR、

PREFIX、GATEWAY 等条目，并将 BOOTPROTO 的值设置为 dhcp，如下所示。

```
[root@client ~]#vim /etc/sysconfig/network-scripts/ifcfg-ens160
BOOTPROTO=dhcp
#IPADDR=192.168.1.210
#PREFIX=24
#GATEWAY=192.168.1.254
```

步骤 2： 修改完成后，一定要重新启动 DHCP 客户端，否则网络配置不会生效。使用 ip addr show ens160 命令查看获取的 IP 地址，如下所示。

```
[root@client ~]#ip addr show ens160
2: ens160: <BROADCAST,MULTICAST,UP,LOWER_UP> mtu 1500 qdisc fq_codel state
UP group default qlen 1000
    link/ether 00:0c:29:15:89:86 brd ff:ff:ff:ff:ff:ff
    inet 192.168.1.1/24 brd 192.168.1.255 scope global dynamic noprefixroute
ens160
       valid_lft 482sec preferred_lft 482sec
    inet6 fe80::29a0:bc4c:8430:63e3/64 scope link noprefixroute
       valid_lft forever preferred_lft forever
```

2）在 Windows 操作系统下的配置

将 Windows 主机配置为 DHCP 客户端比较简单，可以采用图形化配置。以 Windows 10 为例，配置步骤如下所示。

步骤 1： 右击桌面上的"网络"图标，在弹出的快捷菜单中选择"属性"选项，弹出"网络和共享中心"窗口，然后单击查看活动网络中的"以太网"选项，弹出"以太网状态"对话框，单击"属性"按钮，弹出"以太网属性"对话框，双击"Internet 协议（TCP/IPv4）"选项，弹出"Internet 协议版本 4（TCP/IPv4）属性"对话框，如图 8.1.2 所示。

步骤 2： 选中"自动获得 IP 地址"和"自动获得 DNS 服务器地址"单选按钮，并单击"确定"按钮，即可完成客户端的配置。

步骤 3： 在虚拟机界面的菜单栏中，选择"编辑"→"虚拟网络编辑器"选项，弹出"虚拟网络编辑器"对话框，如图 8.1.3 所示，取消勾选"使用本地 DHCP 服务将 IP 地址分配给虚拟机"复选框。

步骤 4： 右击"开始"→"运行"选项，在弹出的对话框中输入命令"cmd"并按 Enter 键，弹出命令提示符窗口。可以使用 ipconfig/release 命令释放获得的 IP 地址，使用 ipconfig/renew 命令重新获得 IP 地址。如图 8.1.4 所示，使用 ipconfig/all 命令查看 DHCP 客户端获得的 IP 地址参数，可以看出 DHCP 客户端已经成功获得 IP 地址。

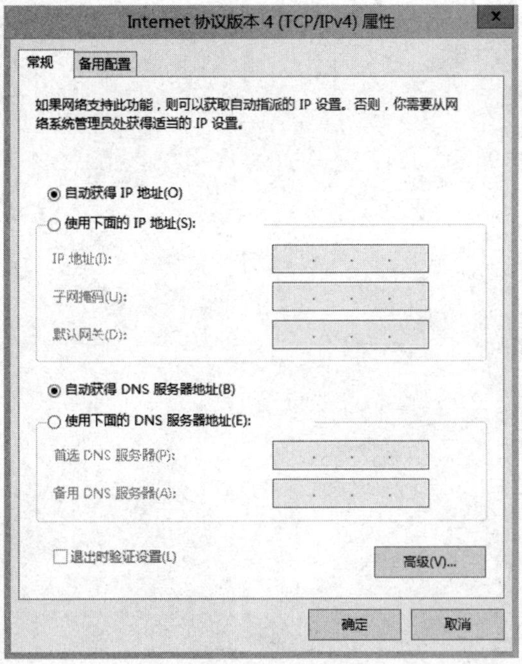

图 8.1.2　"Internet 协议版本 4（TCP/IPv4）
属性"对话框

图 8.1.3　"虚拟网络编辑器"对话框

图 8.1.4　查看 DHCP 客户端获得的 IP 地址参数

7. 查看 DHCP 租约数据库文件

当 DHCP 服务正常运行时，可以使用 cat 命令查看租约数据库文件的内容，如下所示。

```
[root@localhost ~]#  cat /var/lib/dhcpd/dhcpd.leases
……                                    //此处省略部分内容
lease 192.168.1.1 {
  starts 6 2023/10/21 22:16:13;
  ends 6 2023/10/21 22:26:13;
  cltt 6 2023/10/21 22:16:13;
```

```
  binding state active;
  next binding state free;
  rewind binding state free;
  hardware ethernet 00:0c:29:15:89:86;
}
lease 192.168.1.2 {
  starts 6 2023/10/21 22:27:40;
  ends 6 2023/10/21 22:37:40;
  cltt 6 2023/10/21 22:27:40;
  binding state active;
  next binding state free;
  rewind binding state free;
  hardware ethernet 00:0c:29:ee:d0:8c;
  uid "\001\000\014)\356\320\214";
  set vendor-class-identifier = "MSFT 5.0";
  client-hostname "client";
}
//可以看到，已经有计算机正常获取了 IP 地址
```

任务小结

（1）分配 IP 地址的方式有两种，即静态分配和动态分配。其中，动态分配比静态分配更可靠，还能缓解 IP 地址资源紧张的情况。DHCP 采用 UDP 作为传输层传输协议，并使用 67 和 68 端口。

（2）当 DHCP 客户端向 DHCP 服务器申请 IP 地址时，如果没有 DHCP 服务器响应，那么 DHCP 客户端会随机使用 169.254.0.0/16 网段中的一个 IP 地址作为本机地址。

任务 8.2　为指定计算机绑定 IP 地址

任务描述

Y 公司的总经理希望每次启动计算机时都能获得相同的 IP 地址，网络管理员小赵尝试过使用固定 IP 地址，但有时总经理出差回来后，其计算机原来获得的 IP 地址可能会被 DHCP 服务器分配出去。小赵决定使用 DHCP 的"保留功能"，将总经理计算机网络适配器的 MAC 地址与一个 IP 地址绑定，这样 DHCP 服务器就只会将这个 IP 地址分配给对应 MAC 地址的计算机。

任务要求

在相关服务器上配置好 DHCP 服务后，现在需要将 Y 公司总经理的计算机与特定的 IP 地址绑定，保留特定的 IP 地址设置项如表 8.2.1 所示。

表 8.2.1　保留特定的 IP 地址设置项

选　　项	内　　容
主机名称	PC1
操作系统	Windows 10
MAC 地址	00-0C-29-D0-0D-46
IP 地址/子网掩码	192.168.1.222/24

知　识　链　接

DHCP 绑定，是指 DHCP 服务器为某 DHCP 客户端始终分配一个无租约期限的 IP 地址。例如，在软件或系统测试环境中需要多次为 DHCP 客户端重新安装操作系统，那么使用 DHCP 绑定就能够确保 DHCP 客户端自动获得的始终为同一 IP 地址，其操作方法是在 DHCP 服务器主配置文件中新建保留项，用于绑定客户端的 MAC 地址与要分配的 IP 地址。

整个配置过程需要用到 host 声明和 hardware、fixed-address 参数。

（1）host + 主机名。

作用：定义保留地址，如例 8.2.1 所示。

例 8.2.1：定义保留地址

```
host computer1
```

（2）hardware + 网络接口类型 + 硬件地址。

作用：定义网络接口类型和硬件地址。常用类型为以太网（ethernet），地址为 MAC 地址，如例 8.2.2 所示。

例 8.2.2：定义网络接口类型和硬件地址

```
hardware ethernet 3a:4b:c5:33:67:34
```

（3）fixed-address + IP 地址。

作用：定义 DHCP 客户端指定的 IP 地址，如例 8.2.3 所示。

例 8.2.3：定义 DHCP 客户端指定的 IP 地址

```
fixed-address 192.168.1.200
```

📌 **任务实施**

1. 配置 DHCP 绑定功能

步骤 1：本任务在主机名为 PC1 的计算机上实现，在 PC1 计算机上使用 ipconfig /all 命令查询其 MAC 地址（也称"物理地址"），如图 8.2.1 所示。

图 8.2.1　查询计算机的 MAC 地址

步骤 2：修改主配置文件。在任务 8.1 的基础上添加 IP 地址绑定内容，具体内容如下所示。

```
[root@slave ~]# vim /etc/dhcp/dhcpd.conf
log-facility local7;

subnet 192.168.1.0 netmask 255.255.255.0 {
  range 192.168.1.1 192.168.1.200;
  range 192.168.1.210 192.168.1.253;
  option domain-name-servers 192.168.1.201,202.96.128.86;
  option domain-name "phei.com.cn";
  option routers 192.168.1.254;
  option broadcast-address 192.168.1.255;
  default-lease-time 600;
  max-lease-time 7200;
}
//以下为 IP 地址绑定内容
host PC1 {
    hardware ethernet 00:0C:29:D0:0D:46;
    fixed-address 192.168.1.222;
}
```

2. 重启 DHCP 服务

在配置完成后，重启 DHCP 服务，并设置开机自动启动，如下所示。

```
[root@slave ~]# systemctl restart dhcpd
[root@slave ~]# systemctl enable dhcpd
```

3. 测试 DHCP 绑定功能

步骤 1：在 DHCP 客户端 client 上修改网络适配器的本地连接属性，将网络适配器的 Internet 协议版本 4（TCP/IPv4）属性设置为"自动获得 IP 地址"和"自动获得 DNS 服务器地址"。

步骤 2：在 DHCP 客户端的命令提示符窗口中分别执行 ipconfig /release 命令和 ipconfig /renew 命令，即可看到此计算机已经获得了 192.168.1.222 的 IP 地址，即在 DHCP 服务器中设置的保留 IP 地址，结果如图 8.2.2 和图 8.2.3 所示。

图 8.2.2　在命令提示符窗口中释放并重新获得 IP 地址 　　　图 8.2.3　查看 IP 地址详细信息

🏹 任务小结

（1）DHCP 绑定功能就是将某个 IP 地址和需要使用固定 IP 地址的计算机的 MAC 地址绑定。

（2）DHCP 客户端在向 DHCP 服务器更新租约时，DHCP 服务器一般都会将相同的 IP 地址租给此客户端。

项目 9

配置与管理文件共享

● **项目描述**

　　Y 公司是一家电子商务运营公司，网络管理员为了方便公司员工共享和备份数据，准备对公司的网络进行以下设计：使用 FTP 服务器和 Samba 共享服务器为各个部门提供文件共享服务。

　　操作系统提供了 FTP 和 Samba 两种非常方便的服务来管理文件共享。其中，FTP 服务允许从本地计算机或本地上传文件到服务器上，供他人下载使用，Samba 服务使 Kylin 操作系统可以支持 SMB（Server Message Block，服务信息块）协议，实现跨平台共享文件和打印服务。通过本项目的学习，读者可以掌握 FTP 和 Samba 服务的配置、启动和测试方法。项目拓扑结构如图 9.0.1 所示。

FTP&Samba服务器　　域名：phei.com.cn　　　　　　客户端

master　　　　　　　　　　　虚拟交换机　　　　　　　　client

IP地址/子网掩码：192.168.1.201/24　　　　　　　IP地址/子网掩码：192.168.1.210/24
网关地址：192.168.1.254　　　　　　　　　　　　网关地址：192.168.1.254
DNS地址：192.168.1.201　　　　　　　　　　　　DNS地址：192.168.1.201

图 9.0.1　项目拓扑结构

 知识目标

1. 掌握 FTP 服务器的配置文件及配置项。
2. 掌握 Samba 服务器的配置文件及配置项。

 能力目标

1. 能够安装与启动 FTP 和 Samba 服务器。

2. 能够配置 FTP 和 Samba 服务器，实现文件共享。

素质目标

1. 培养读者具备数据共享的安全意识。
2. 培养读者遵守道德法律，自觉履行职责。
3. 培养读者在规划资源共享时，具备严谨、细致的职业素养。

任务 9.1　安装与配置 FTP 服务器

任务描述

　　Y 公司的网络管理员小赵，根据公司的业务需求，需要在信息中心的 Kylin 服务器上实现文件共享。小赵首先想到了 FTP 服务器，现在需要安装 FTP 相关组件，并对 FTP 服务器进行配置。

任务要求

　　在信息中心的 Kylin 服务器上安装 FTP 相关组件后，可以通过网络实现资源共享。FTP 通过网络让不同的机器、不同的操作系统能够彼此分享各自的数据。本任务的具体要求如下所示。

　　（1）FTP 服务器的 IP 地址为 192.168.1.201。

　　（2）实现匿名用户对站点目录/var/ftp/share 具有上传、下载、创建目录和文件，以及删除目录和文件等权限。

　　（3）实现实名用户具有上传、下载等权限，其中 ftpuser 用户登录后将被限制在自己的主目录下进行操作，ftpadmin 用户则可以向上切换目录。

1. FTP 概述

　　FTP（File Transfer Protocol，文件传输协议）是一种通过 Internet 传输文件的协议，通常用于文件的下载和上传，在 Windows、Kylin 等多种操作系统中均可使用。FTP 服务器主要采用 C/S（Client/Server，客户端/服务器）架构，使用户可以通过一个支持 FTP 的客户机程序连接到远程主机的 FTP 服务器程序上。用户通过客户机程序向服务器程序发出命令，服务器程序执行用户所发出的命令，并将执行结果返回给客户机。例如，用户发出一条命令，要求服务器向其传送某个文件的一份拷贝，服务器会响应这条命令，将指定文件发送到用户的机器上。客户机程序代表用户接收这个文件，并将其存放在用户目录下。

在 FTP 的使用过程中，用户会经常进行下载（download）和上传（upload）文件的操作。下载文件是从远程主机中复制文件到自己的计算机中；上传文件是将文件从自己的计算机中复制到远程主机中。用 Internet 语言来说，用户可以通过客户机程序向（从）远程主机上传（下载）文件。

vsftpd 是一款安全、稳定、高性能的开源 FTP 服务器软件，适用于多种 UNIX 和 Linux 操作系统。它的全称是 very secure FTP daemon，即"非常安全的 FTP"。由此可见，它的开发者 Chris Evans 将安全作为设计这个软件时的首要考虑因素。本任务使用 vsftpd 服务器软件作为 FTP 服务器进行介绍。

2. FTP 的主动传输和被动传输

FTP 通过 TCP 建立会话，使用两个端口提供服务，分别是命令端口（也称为控制端口）和数据端口。通常命令端口的端口号是 21，数据端口则按照是否由 FTP 服务器发起数据传输分为主动传输模式和被动传输模式。

主动传输模式，也称 PORT 模式，如图 9.1.1 所示。FTP 客户端使用随机端口 N（$N>1023$）和 FTP 服务器的 21 端口建立控制连接，比如图 9.1.1 中客户端使用的是 1301 端口，之后在这个通道上发送 PORT 命令，包含客户端将使用什么端口接收数据，客户端接收数据的端口的端口号一般为 $N+1$，比如图 9.1.1 中为 1302。服务器通过自己的 20 端口向客户端的指定端口 1302 传输数据。此时具有两个连接，一个是客户端端口 N 和服务器端口 21 建立的控制连接，另一个是服务器端口 20 和客户端端口 $N+1$ 建立的数据连接。

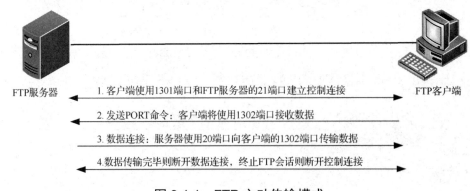

FTP服务器　1. 客户端使用1301端口和FTP服务器的21端口建立控制连接　FTP客户端

2. 发送PORT命令：客户端将使用1302端口接收数据

3. 数据连接：服务器使用20端口向客户端的1302端口传输数据

4.数据传输完毕则断开数据连接，终止FTP会话则断开控制连接

图 9.1.1　FTP 主动传输模式

被动传输模式，也称 PASV 模式，如图 9.1.2 所示。FTP 客户端使用随机端口 N（$N>1023$）和 FTP 服务器的 21 端口建立控制连接，比如图 9.1.2 中使用的是 1301 端口。之后在这个通道上发送 PASV 命令，服务器随机打开一个临时数据端口 M（$1023<M<65535$），比如图 9.1.2 中服务器打开的是 1400 端口，并通知客户端。之后客户端使用 $N+1$ 端口访问服务器的 M 端

口并传输数据，比如图 9.1.2 中客户端使用 1302 端口与服务器的 1400 端口传输数据。

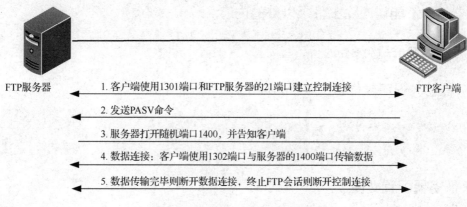

FTP服务器   FTP客户端

1. 客户端使用1301端口和FTP服务器的21端口建立控制连接

2. 发送PASV命令

3. 服务器打开随机端口1400，并告知客户端

4. 数据连接：客户端使用1302端口与服务器的1400端口传输数据

5. 数据传输完毕则断开数据连接，终止FTP会话则断开控制连接

图 9.1.2　FTP 被动传输模式

主动传输模式和被动传输模式的判断标准为服务器是否主动传输数据。在主动传输模式下，数据连接是在服务器的 20 端口和客户端的 $N+1$ 端口上建立的，若客户端启用了防火墙，则会造成服务器无法发起连接。被动传输模式只需要服务器打开一个临时端口用于数据传输，并由客户端发起 FTP 数据传输，而客户端在开启防火墙的情况下依然可以使用 FTP 服务器。

3．FTP 服务器的账号类型

在访问 FTP 服务器时，通常需要登录，因为只有经过了 FTP 服务器的相关验证，用户才能访问和传输文件等。vsftpd 提供了 3 种类型的 FTP 服务器账号，分别介绍如下。

1）匿名账号

匿名账号（anonymous）是应用比较广泛的一种 FTP 服务器账号。如果用户在 FTP 服务器上没有账号，那么可以以 anonymous 为用户名，以自己的电子邮箱为密码进行登录。当匿名用户登录 FTP 服务器后，其登录目录为匿名 FTP 服务器的根目录/var/ftp。为了减轻 FTP 服务器的负载，一般情况下应关闭匿名账号的上传功能。

2）真实账号

真实账号（real）也称本地账号，表示用户是以真实的用户名和密码登录 FTP 服务器的，但前提条件是用户在 FTP 服务器上拥有自己的账号。在使用真实账号登录后，用户登录的目录为自己的目录，该目录在系统创建账号时可以自动创建。例如，在 Linux Fedora Core 8 操作系统中创建一个名称为 aaa 的用户，那么该用户的默认目录就是/home/aaa。真实用户可以访问整个目录结构，从而对系统安全构成极大威胁，所以，应尽量避免用户使用真实账号访问 FTP 服务器。

3）虚拟账号

如果用户在 FTP 服务器上拥有账号，但此账号只用于文件传输服务，那么该账号就是虚拟账号（guest）。虚拟账号是真实账号的一种形式，它们的不同之处在于，在使用虚拟账号登录 FTP 服务器后，不能访问除主目录以外的内容。

4．FTP 服务器相关软件包

FTP 服务器的主程序软件包为 vsftpd-3.0.3，具体如下所示。

```
vsftpd-3.0.3-31.ky10.x86_64          //FTP 主程序
vsftpd-help-3.0.3-31.ky10.x86_64     //FTP 帮助文件
```

5．FTP 服务器配置文件

FTP 服务器配置文件一般存放在/etc/vsftpd 目录下，主要包括以下 4 个文件。

1）主配置文件 vsftpd.conf

主配置文件中包含了大量的参数，不同的参数可以用于进行 vsftpd 服务功能的实现和权限的控制，但其中大部分参数都是以"#"开头的注释语句，在配置前可以先将初始的主配置文件备份，再重写新的主配置文件。在主配置文件中，书写格式为"选项=值"，注意这里的"="两边不能有空格。同时，每行前后也不能有多余的空格，选项区分大小写，在特殊情况下选项值不区分大小写。

vsftpd 服务程序中常用的配置参数及其功能如表 9.1.1 所示。

表 9.1.1 vsftpd 服务程序中常用的配置参数及其功能

类　　别	参　　数	功　　能
匿名用户配置项	anonymous_enable=YES	YES 表示可匿名登录，NO 表示匿名用户名无法登录
	anon_upload_enable=YES	是否允许匿名用户上传文件，YES 表示可上传，NO 表示不可上传。此功能必须建立在 write_enable=YES 的基础上，若 write_enable=NO，则此功能不能实现；同时目标目录必须对匿名用户开放写权限
	anon_mkdir_write_enable=YES	是否允许匿名用户创建目录，YES 表示可创建，NO 表示不可创建。此功能必须建立在 write_enable=YES 的基础上，若 write_enable=NO，则此功能不能实现；同时目标目录必须对匿名用户开放写权限
	anon_umask=022	022 使得匿名用户上传的文件、目录具有被访问、下载的权限，当默认值为 077 时，上传的文件将无法被其他用户下载
	no_anon_password=YES	匿名用户在访问 FTP 服务器时直接登录，不再要求输入匿名密码
	anonymous_enable=YES	YES 表示可匿名登录，NO 表示匿名用户无法登录

续表

类　　别	参　　数	功　　能
实名用户配置项	local_enable=YES	是否允许本地用户登录
	write_enable=YES	是否具有写权限，YES 表示具有写权限，NO 表示不具有写权限
	local_umask=022	控制上传文件和目录的权限结果（反掩码）
	chroot_local_user=YES	默认被注释，使用时需要将注释删除，YES 表示 chroot_list_enable 指定的用户可以自由跳转到有权限访问的任何目录，NO 表示 chroot_list_enable 指定的用户无法跳转出用户主目录
	chroot_list_enable=YES	默认被注释，使用时需要将注释删除，表示是否限制用户跳转出用户主目录，YES 表示无法跳转出用户主目录，NO 表示用户可以自由跳转到有权限访问的任何目录
	chroot_list_file=/etc/vsftpd/chroot_list	默认被注释，使用时需要将注释删除，表示 chroot_list_enable 作用的用户列表文件
	userlist_enable=YES	YES 表示启用用户列表
	userlist_file=/etc/vsftpd/user_list	需要自行添加该语句，指定 userlist_enable 拒绝登录的用户列表
	userlist_deny=YES	YES 表示 userlist_file 文件中列出的用户在登录 FTP 服务器并输入用户名后将直接被拒绝登录

2）黑名单文件 ftpusers

ftpusers 文件不受任何配置项的影响，它总是有效的，是一个黑名单文件。ftpusers 文件用于指定不能访问 vsftpd 服务器的账户列表，此文件采用每个用户一行的格式，默认已经包含了 root、halt 和 mail 等系统账户。

3）用户列表文件 user_list

user_list 文件也用于保存用户列表，指定用户能否访问 vsftpd 服务器取决于 userlist_deny 和 userlist_enable 参数的值被设置为 YES 还是被设置为 NO，所以一定要注意这两个参数的设置。用户列表信息的参数及其功能如表 9.1.2 所示。

表 9.1.2　用户列表信息的参数及其功能

参　　数	功　　能
userlist_enable=YES userlist_deny=YES	拒绝文件中的用户访问 vsftpd 服务器（黑名单）
userlist_enable=YES userlist_deny=NO	仅允许文件中的用户访问 vsftpd 服务器（白名单）
userlist_enable=NO userlist_deny=NO	对任何用户的限制不起作用（无效名单）

4）默认站点目录/var/ftp

如果 vsftpd 服务器提供匿名访问的功能，那么匿名用户登录后进入的工作目录是/var/ftp。

在默认配置下，所有目录都处于只读状态，只有 root 用户具有写权限。

6．FTP 服务的启动和停止

FTP 服务的后台守护进程是 vsftpd，因此，在启动、停止 FTP 服务和查询 FTP 服务状态时要以 vsftpd 为参数。

任务实施

1．查询 FTP 服务器的 vsftpd 软件包是否安装

使用 rpm -qa |grep vsftpd 命令查询 vsftpd 软件包是否安装，如下所示。

```
[root@master ~]#rpm -qa|grep vsftpd
//vsftpd 软件包默认未安装
```

2．安装 FTP 服务器的 vsftpd 软件包

若查询结果显示未安装 vsftpd 软件包，则使用 dnf install -y vsftpd 命令安装 FTP 服务器所需要的软件包，如下所示。

```
[root@master ~]# dnf install -y vsftpd
上次元数据过期检查：0:00:01 前，执行于 2023 年 10 月 23 日 星期一 19 时 16 分 23 秒。
依赖关系解决。
......                                          //此处省略部分内容
事务概要
================================================================================
安装  2 软件包

总计：158 k
安装大小：339 k
下载软件包：
......                                          //此处省略部分内容
已安装：
vsftpd-3.0.3-31.ky10.x86_64   vsftpd-help-3.0.3-31.ky10.x86_64



完毕！
```

3．配置 FTP 服务器

步骤 1：添加实名用户 ftpuser 和 ftpadmin，如下所示。

```
[root@master ~]# useradd ftpuser
```

```
[root@master ~]# useradd ftpadmin
[root@master ~]# echo "Aa13579,./"|passwd --stdin ftpuser
[root@master ~]# echo "Aa13579,./"|passwd --stdin ftpadmin
```

步骤 2：创建站点目录并修改权限，如下所示。

```
[root@master ~]# mkdir /var/ftp/share          //创建站点目录
[root@master ~]# chmod 777 /var/ftp/share      //开放其他用户的写权限
[root@master ~]# cd /var/ftp/share
[root@master share]# mkdir test                //创建测试目录
[root@master share]# touch test1.txt           //创建测试文件
[root@master share]# chmod o=rwx test          //开放其他用户对测试目录的完全控制权限
[root@master share]# chmod o=rwx test1.txt     //开放其他用户对测试文件的完全控制权限
```

步骤 3：编辑主配置文件/etc/vsftpd/vsftpd.conf，修改和输入以下内容，保存并退出，如下所示。

```
[root@master ~]# vim /etc/vsftpd/vsftpd.conf
//以下为匿名用户配置项
12 anonymous_enable=YES                          //允许匿名登录
29 anon_upload_enable=YES                        //将第 29 行的注释删除
33 anon_mkdir_write_enable=YES                   //将第 33 行的注释删除
   anon_umask=022                                //在末尾添加一行
   anon_other_write_enable=YES                   //在末尾添加一行
//以下为实名用户配置项
16 local_enable=YES
19 write_enable=YES
23 local_umask=022
101 chroot_local_user=YES                        //将第 101 行的注释删除
102 chroot_list_enable=YES                       //将第 102 行的注释删除
104 chroot_list_file=/etc/vsftpd/chroot_list     //将第 104 行的注释删除
    allow_writeable_chroot=YES                   //在末尾添加一行
```

步骤 4：创建 chroot_list 文件并添加 ftpadmin 用户（此用户是能够线上切换目录的用户），如下所示。

```
[root@master ~]# echo "ftpadmin" > /etc/vsftpd/chroot_list
```

4. 重启 FTP 相关服务

在配置完成后，重启 vsftpd 服务，并设置开机自动启动，如下所示。

```
[root@master ~]# systemctl restart vsftpd
[root@master ~]# systemctl enable vsftpd
```

5. 关闭 FTP 服务器的防火墙服务

关闭 FTP 服务器的防火墙服务，并设置开机不自动启动，如下所示。

```
[root@master ~]# systemctl stop firewalld
[root@master ~]# systemctl disable firewalld
```

6. 使用客户端测试 FTP 服务

1）使用文件浏览器进行匿名用户测试

步骤 1：设置客户端和 FTP 服务器之间的网络连通，此处略。

步骤 2：使用 root 用户（管理员）的身份登录 Kylin 客户端操作系统，选择"UK"→"所有程序"→"系统工具"→"文件浏览器"选项，打开文件浏览器窗口，在地址栏中输入"ftp://192.168.1.201"，访问 FTP 服务器，如图 9.1.3 所示。

步骤 3：双击"share"文件夹，进入"share"文件夹，进行权限测试，结果如图 9.1.4 所示。

图 9.1.3　访问 FTP 服务器

图 9.1.4　权限测试结果

2）使用终端窗口进行实名用户测试

步骤 1：设置客户端和 FTP 服务器之间的网络连通，此处略。

步骤 2：使用 dnf install -y ftp 命令安装客户端所需要的工具，如下所示。

```
[root@client ~]# dnf install -y ftp
//需要注意的是，在安装时要确保 Kylin 操作系统能正常访问互联网，并且可通过 dnf 的 HTTP 源
安装软件包
```

步骤 3：使用 ftpuser 用户的身份登录 FTP 服务器，进行测试，如下所示。

```
[root@client ~]# ftp 192.168.1.201
Connected to 192.168.1.201 (192.168.1.201).
```

```
220 (vsFTPd 3.0.3)
Name (192.168.1.201:root): ftpuser          //输入用户名"ftpuser"进行登录
331 Please specify the password.
Password:                                    //输入 ftpuser 用户的密码
230 Login successful.
Remote system type is UNIX.
Using binary mode to transfer files.
ftp> pwd                                     //当前目录显示为/
257 "/" is the current directory
ftp> mkdir ftpuserdir                        //创建目录，测试写权限
257 "/ftpuserdir" created
ftp> ls
227 Entering Passive Mode (192,168,1,201,104,46).
150 Here comes the directory listing.
drwxr-xr-x    2 1007      1007           6 10月 25 01:55 ftpuserdir
226 Directory send OK.
ftp> cd ..                                   //使用 cd 命令向上切换目录
250 Directory successfully changed.
ftp> pwd              //结果仍为/，表示 ftpuser 用户被限定在主目录下
257 "/" is the current directory
```

步骤 4：使用 ftpadmin 用户的身份登录 FTP 服务器，进行测试，如下所示。

```
[root@client ~]# ftp 192.168.1.201
Connected to 192.168.1.201 (192.168.1.201).
220 (vsFTPd 3.0.3)
Name (192.168.1.201:root): ftpadmin          //输入用户名"ftpadmin"进行登录
331 Please specify the password.
Password:                                    //输入 ftpadmin 用户的密码
230 Login successful.
Remote system type is UNIX.
Using binary mode to transfer files.
ftp> pwd                                     //当前目录显示为/home/ftpadmin
257 "/home/ftpadmin" is the current directory
ftp> mkdir ftpadmindir                       //创建目录，测试写权限
257 "/home/ftpadmin/ftpadmindir" created
ftp> ls
227 Entering Passive Mode (192,168,1,201,229,149).
150 Here comes the directory listing.
drwxr-xr-x    2 1008      1008           6 10月 25 01:59 ftpadmindir
226 Directory send OK.
```

```
ftp> cd ..                                          //使用 cd 命令成功向上切换目录，结果为/home
250 Directory successfully changed.
ftp> pwd                                             //ftpadmin 用户成功切换到用户主目录下
257 "/home" is the current directory
```

任务小结

（1）支持 FTP 的服务器就是 FTP 服务器。而 vsftpd 是 Kylin 操作系统中较常用的 FTP 服务器。

（2）在测试 FTP 服务时，要关闭 FTP 服务器的防火墙服务，否则会失败。

任务 9.2　安装与配置 Samba 服务器

任务描述

Y 公司的网络管理员小赵根据公司的业务需求，需要在信息中心的 Kylin 服务器上实现文件和打印机共享服务。小赵首先想到了 Samba 服务器，现在需要安装 Samba 软件包，并对 Samba 服务器进行配置。

任务要求

在信息中心的 Kylin 服务器上安装 Samba 软件包，可以实现文件和打印机共享服务。Samba 服务器主要用于在不同的操作系统之间提供文件和打印机共享服务，因其良好的跨平台功能，已经成为在局域网上进行文件管理和打印管理的重要手段。Samba 服务器的配置主要是通过修改 Samba 服务器的配置文件来实现的。本任务的具体要求如下所示。

（1）搭建 Samba 服务器，IP 地址为 192.168.1.201。

（2）Samba 服务器只允许 192.168.1.0/24 网段访问。

（3）Samba 服务器的安全级别为 user 级，所在工作组为 workgroup。

（4）共享名为 Text，共享目录为/MyText，user1 和 manager 用户可以访问其个人主目录和 Text 共享目录，并对目录可读写。

（5）共享名为 Share，共享目录为/MyShare，其他用户只能访问个人主目录和只读访问 Share 共享目录。

Kylin 操作系统中的 Samba 服务提供了 UNIX/Linux 操作系统与 Windows 操作系统通过

网络进行通信和资源共享的功能。Samba 服务通过两个后台守护进程来支持以下两个步骤。

（1）nmbd 守护进程：使用基于 IPv4 地址的 NetBIOS 协议提供主机名和 IP 地址解析服务。使用 UDP 的 137 端口和 138 端口提供名称解析服务。

（2）smbd 守护进程：提供文件和打印机共享服务，以及身份验证和授权服务。使用 TCP 的 139 端口和 445 端口管理共享和数据传输。

1．Samba 服务器相关软件包

Samba 服务器的主程序软件包为 samba-4.15.5，具体如下所示。

```
samba-common-tools-4.11.12-3.p01.ky10.x86_64        //Samba 客户端工具
samba-common-4.11.12-3.p01.ky10.x86_64              //Samba 基础包
samba-client-4.11.12-3.p01.ky10.x86_64              //Samba 客户端软件
samba-help-4.11.12-3.p01.ky10.x86_64                //Samba 帮助文件
samba-4.11.12-3.p01.ky10.x86_64                     //Samba 主程序
samba-libs-4.11.12-3.p01.ky10.x86_64                //Samba 库文件
```

2．Samba 服务器配置文件

Samba 服务器配置文件一般存放在/etc/samba/目录下，由主配置文件 smb.conf 和模板文件 smb.conf.example 组成。

1）Samba 主配置文件 smb.conf

smb.conf 文件中包含 Samba 服务的大部分配置参数，其文件结构如例 9.2.1 所示。

例 9.2.1：smb.conf 文件结构

```
[global]
       workgroup = SAMBA
       security = user
       ……
[homes]
       comment = Home Directories
       valid users = %S, %D%w%S
       ……
```

Samba 服务配置参数分为全局配置参数和共享配置参数两种。

（1）全局配置参数。全局配置参数用于设置整体的资源共享环境，对里面的每个独立共享资源都有效。在 smb.conf 文件中，"[global]"之后的内容表示全局配置参数。Samba 服务程序中的全局配置参数及其功能如表 9.2.1 所示。

表 9.2.1　Samba 服务程序中的全局配置参数及其功能

类　　别	参　　数	功　　能
网络 相关参数	workgroup= MYGROUP	设置工作组的名称
	server string=Samba Server Version %v	服务器描述，%v 是变量，用于描述当前 Samba 服务器的版本信息
	max connections = 0	指定 Samba 服务器的最大连接数，若超出最大连接数，则新的连接请求将被拒绝，0 表示不限制
日志 相关参数	log file = /var/log/samba/log.%m	设置日志文件的存储位置和名称
	max log size = 50	设置日志文件的最大容量为 50 KB，若值为 0，则表示不限制
安全性 相关参数	security = share	Samba 客户端无须提供用户名和密码，安全性较低
	security = user	Samba 客户端需要提供用户名和密码，提升了安全性，是系统默认方式
	security = server	设置使用独立的远程主机验证来访主机提供的密码（集中管理账户）
	security = domain	设置使用域控制器进行身份验证
	passdb backend = tdbsam	设置 Samba 用户密码的存放方式，使用数据库文件建立用户数据库
	passdb backend = smbpasswd	设置使用 smbpasswd 命令为系统用户指定访问 Samba 服务器的密码
	passdb backend = ldapsam	设置基于 LDAP 的用户账户管理方式来验证用户
	encrypt passwords = yes|no	设置是否对用户账户的密码进行加密，默认为开启
打印机 相关参数	load printer　=yes|no	设置在 Samba 服务启动时是否共享打印机，默认为开启
	cups options = raw	打印机的选项

（2）共享配置参数。共享配置参数用于设置单独的共享资源，且仅对该资源有效。共享配置参数及其功能如表 9.2.2 所示。

表 9.2.2　共享配置参数及其功能

参　　数	功　　能
comment=任意字符串	共享目录的描述信息，可以是任意字符串
path=共享目录路径	指定共享目录的绝对路径
browseable = yes|no	指定共享目录是否可以浏览
public = yes|no	指定共享目录是否允许用户匿名访问
read only = yes|no	指定共享目录是否只读，当与 writeable 发生冲突时，以 writeable 为准，默认为只读
writeable=yes|no	指定共享目录是否可写，当与 read only 发生冲突时，忽略 read only
valid users=用户名|@组名	特定用户或组才能访问该共享目录，若为空，则允许所有用户访问，用户名之间用空格分隔
read list=用户名|@组名	指定对共享目录具有读权限的用户和组
write list =用户名|@组名	指定可以在共享目录内进行写操作的用户和组
guest ok = yes	guest 账号可以访问

小提示

当 Samba 服务器将 Kylin 操作系统中的部分目录共享时，共享目录的权限除了与表 9.2.2 中给定的权限有关，还与其本身的文件系统权限有关。

2）管理 Samba 用户

在 Samba 服务器发布共享资源后，Samba 客户端在访问 Samba 服务器时，需要提交用户名和密码进行身份验证，且只有在验证通过后才可以登录。在创建 Samba 用户之前，要先创建一个同名的系统用户，以保证 Samba 用户与 Kylin 操作系统用户相对应。Samba 服务器为了实现客户端身份验证功能，将用户名和密码信息都保存在/etc/samba/smbpasswd 文件中。

用于管理 Samba 用户的命令是 smbpasswd，其基本语法格式如下所示。

```
smbpasswd [选项] 用户名
```

smbpasswd 命令的常用选项及其功能如表 9.2.3 所示。

表 9.2.3　smbpasswd 命令的常用选项及其功能

选　　项	功　　能
-a	创建指定用户并设置密码（必须存在同名的 Kylin 操作系统用户）
-x	删除指定的用户
-d	禁用指定的用户
-e	激活指定的用户
-n	将指定用户的密码置空

创建一个 Samba 用户 user1，如例 9.2.2 所示。

例 9.2.2：创建 Samba 用户

```
[root@master ~]# useradd user1              //创建 Linux 操作系统用户
[root@master ~]# passwd user1               //设置 Linux 操作系统用户的密码
[root@master ~]# smbpasswd -a user1         //创建 Samba 用户并设置密码
New SMB password:                           //输入密码
Retype new SMB password:                    //再次输入密码
Added user user1.
```

3. Samba 服务的启动和停止

Samba 服务的后台守护进程是 smb，因此，在启动、停止 Samba 服务和查询 Samba 服务状态时要以 smb 为参数。

4．访问 Samba 共享资源

要在 Kylin 客户端上验证 Samba 服务器，可以通过文件管理器或 smbclient 命令来实现。smbclient 命令用于存取远程 Samba 服务器上的资源，它是 Samba 服务套件中的一部分，在 Kylin 终端窗口中为用户提供了一种交互式工作环境。注意，必须先安装好 samba-client 软件包，才可以使用 smbclient 命令。在配置好 dnf 源后，可以使用 dnf install -y samba-client 命令安装该软件包。smbclient 命令的基本语法格式如下所示。

```
smbclient [服务名] [选项]
```

服务名就是要访问的共享资源，格式为"//server/service"。其中，"server"是 Samba 服务器的 NetBIOS 名称或 IP 地址，"service"是共享名。smbclient 命令的常用选项及其功能如表 9.2.4 所示。

表 9.2.4　smbclient 命令的常用选项及其功能

选　　项	功　　能
-L	显示 Samba 服务器所分享出来的可用资源
-I	指定 Samba 服务器的 IP 地址
-U	指定 Samba 用户名和密码

🔧 任务实施

user 级是 Samba 服务器的默认级别，除了配置主配置文件/etc/samba/smb.conf，还需要配置用户信息。

1．查询 Samba 软件包是否安装

使用 rpm -qa |grep samba 命令查询 Samba 软件包是否安装，如下所示。

```
[root@master ~]# rpm -qa|grep samba
samba-common-4.11.12-3.p01.ky10.x86_64
samba-client-4.11.12-3.p01.ky10.x86_64
//结果显示，该系统未安装 Samba 软件包
```

2．安装 Samba 软件包

若查询结果显示未安装 Samba 软件包，则使用 dnf install -y samba 命令安装 Samba 服务器所需要的软件包，如下所示。

```
[root@master ~]# dnf install -y samba
Kylin Linux Advanced Server 10 - Os              47 MB/s | 3.7 MB    00:00
上次元数据过期检查：0:00:01 前，执行于 2023 年 10 月 23 日 星期一 19 时 16 分 23 秒。
```

依赖关系解决

......　　　　　　　　　　　　　　　　　　　　//此处省略部分内容

事务概要

==

安装　4　软件包

总计：1.4 M

安装大小：3.9 M

下载软件包：

......　　　　　　　　　　　　　　　　　　　　//此处省略部分内容

已安装：

samba-4.11.12-3.p01.ky10.x86_64　　　 samba-common-tools-4.11.12-3.p01.ky10.x86_64

samba-help-4.11.12-3.p01.ky10.x86_64　samba-libs-4.11.12-3.p01.ky10.x86_64

完毕！

3. 编辑主配置文件全局定义部分

根据任务要求，将模板文件/etc/samba/smb.conf.example 复制为主配置文件/etc/samba/smb.
conf，并编辑该文件的全局定义部分，修改服务器所在工作组为 workgroup 且只允许
192.168.1.0/24 网段访问，如下所示。

```
[root@master ~]# cd /etc/samba
[root@master samba]#cp smb.conf.example smb.conf
cp：是否覆盖"smb.conf"？ y
[root@master samba]#vim smb.conf
 84        workgroup = workgroup
 90        hosts allow = 192.168.1.0/24
```

4. 编辑主配置文件共享定义部分

根据任务要求增加共享定义部分，在文档末尾进行添加，如下所示。

```
314 [Text]
315        path = /MyText
316        valid users = user1 manager
317        read only = no
318 [Share]
319        path = /MyShare
```

5. 创建共享目录

创建两个共享目录，由于/MyText 目录是为 root 用户创建的，默认 user1 和 manager 用户

没有写权限，因此需要通过 chmod o=rwx /MyText 命令给其他用户加上写权限，如下所示。

```
[root@master ~]# mkdir /MyText
[root@master ~]# mkdir /MyShare
[root@master ~]# chmod o=rwx /MyText
```

6. 设置 Samba 用户

创建 user1 和 manager 用户，设置登录密码，并将 user1 和 manager 用户设置为 Samba 用户，设置共享访问密码，之后可以使用 pdbedit -L 命令查看现有 Samba 用户，如下所示。

```
[root@master ~]# useradd user1
[root@master ~]# useradd manager
[root@master ~]# echo "Aa13579,./"|passwd --stdin user1
[root@master ~]# echo "Aa13579,./"|passwd --stdin manager
[root@master ~]# smbpasswd -a user1
New SMB password:
Retype new SMB password:
Added user user1.
[root@master ~]#smbpasswd -a manager
New SMB password:
Retype new SMB password:
Added user manager.
[root@master ~]# pdbedit -L
user1:1003:
manager:1004:
```

7. 使用 testparm 命令测试配置文件

可以使用 testparm 命令测试配置文件的语法格式是否正确，且具有部分语句的自动修正和语法统一功能，若需要查看共享定义部分，则可以按 Enter 键，如下所示。

```
[root@master ~]# testparm
Load smb config files from /etc/samba/smb.conf
rlimit_max: increasing rlimit_max (1024) to minimum Windows limit (16384)
Processing section "[homes]"
Processing section "[printers]"
Processing section "[MyText]"
Processing section "[Share]"
Loaded services file OK.
Server role: ROLE_STANDALONE
Press enter to see a dump of your service definitions
```

```
# Global parameters
[global]
       server string = Samba Server Version %v
       workgroup = WORKGROUP
       log file = /var/log/samba/log.%m
       max log size = 50
       security = USER
       idmap config * : backend = tdb
       cups options = raw
[homes]
       comment = Home Directories
       browseable = No
       read only = No
[printers]
       comment = All Printers
       path = /var/spool/samba
       browseable = No
       printable = Yes
[Text]
       path = /MyText
       read only = No
       valid users = user1 manager
[Share]
       path = /MyShare
```

8. 重启 Samba 服务

在配置完成后，重启 Samba 服务，并设置开机自动启动，如下所示。

```
[root@master ~]# systemctl restart smb
[root@master ~]# systemctl enable smb
```

9. 关闭防火墙服务

在配置完成后，关闭 Samba 服务器的防火墙服务，并设置开机不自动启动，如下所示。

```
[root@master ~]# systemctl stop firewalld
[root@master ~]# systemctl disable firewalld
```

10. 使用客户端测试 Samba 服务

1）使用文件浏览器进行测试

步骤 1：设置客户端和 Samba 服务器之间的网络连通，此处略。

步骤 2：使用 root 用户（管理员）的身份登录 Kylin 客户端操作系统，选择"UK"→"所有程序"→"系统工具"→"文件浏览器"选项，打开文件浏览器窗口，在地址栏中输入"smb://192.168.1.201"，访问 Samba 服务器，如图 9.2.1 所示。

步骤 3：双击"Share"文件夹，弹出登录对话框，选中"连接为用户"单选按钮，并输入用户名、域和正确的密码，之后单击"连接"按钮，如图 9.2.2 所示。

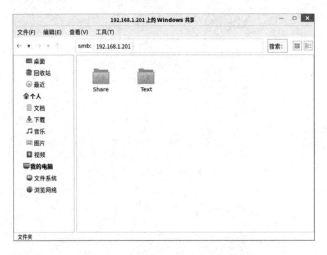

图 9.2.1　访问 Samba 服务器

图 9.2.2　登录 Samba 服务器

步骤 4：进入 Share 共享目录，新建一个文本文件 a.txt，用来测试权限，结果如图 9.2.3 所示。

步骤 5：进入 Text 共享目录，新建一个文本文件 test1.txt，用来测试权限，结果如图 9.2.4 所示。

图 9.2.3　Share 共享目录的权限测试结果

图 9.2.4　Text 共享目录的权限测试结果

2）使用终端窗口进行测试

步骤 1：设置客户端和 Samba 服务器之间的网络连通，此处略。

步骤 2：使用 dnf install -y samba-client 命令安装客户端所需要的工具，如下所示。

```
[root@client ~]# dnf install -y samba-client
```

步骤 3：使用 smbclient 命令查看 Samba 服务器的可用资源，如下所示。

```
[root@client ~]# smbclient -L 192.168.1.201 -U user1%123456
        Sharename       Type        Comment
        ---------       ----        -------
        Text            Disk
        Share           Disk
        IPC$            IPC         IPC Service (Samba Server Version 4.11.12)
        user1           Disk        Home Directories
```

步骤 4：在 smbclient 命令中指定具体的服务名，随机进入 smbclient 交互式工作环境，使用 ls 命令可以直接查看共享资源，如下所示。

```
[root@client ~]# smbclient //192.168.1.201/Text -U user1%123456
Try "help" to get a list of possible commands.
smb: \> ls
  .                           D        0  Tue Oct 28 23:24:27 2023
  ..                          D        0  Tue Oct 28 23:24:56 2023
                17811456 blocks of size 1024. 12585412 blocks available
//还有 cd、lcd、get、mget、put 和 mput 命令等。这些命令的详细用法可参阅其他相关书籍，
这里不再深入讨论
```

任务小结

（1）在进行不同操作系统间的文件共享时，配置 Samba 服务器是一个很好的选择。

（2）在配置 Samba 服务器时，需要创建 Samba 用户并设置共享访问密码，才能访问共享内容。

项目 10

配置与管理 Web 服务器

● **项目描述**

　　Y 公司是一家电子商务运营公司，为了对外宣传和扩大影响，该公司决定搭建门户网站。网站相关页面已经设计完成，现在需要部署网站。考虑到成本和维护问题，Y 公司决定使用 Kylin 操作系统配合 Apache 搭建 Web 服务器。

　　Apache HTTP Server（简称 Apache）是 Apache 软件基金会的一个开放源码的网页服务器，可以在大多数计算机操作系统中运行，因其跨平台特性和安全性被广泛使用，是最流行的 Web 服务器端软件之一。

　　本项目主要介绍 Web 服务的基本原理、相关技术，以及 Apache 服务器配置文件和虚拟主机的使用等内容。项目拓扑结构如图 10.0.1 所示。

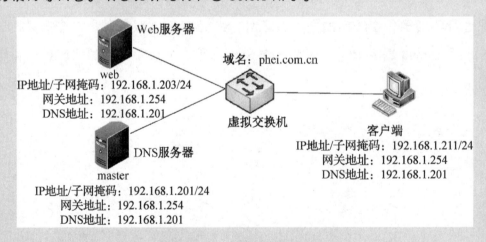

图 10.0.1　项目拓扑结构

⭐ **知识目标**

1. 了解 Web 服务的应用场景和工作原理。
2. 了解 Apache 的发展和技术特点。

3. 掌握 Apache 服务器的配置文件和配置项。

能力目标

1. 能够安装和启动 Apache 服务器。
2. 能够配置 Apache 服务器。
3. 能够配置 3 种虚拟主机。

素质目标

1. 培养读者具备节约意识，在创建网站时充分利用现有服务器资源。
2. 培养读者形成服务意识，主动关注用户需求，协助发布网站。

任务 10.1　安装与配置 Apache 服务器

任务描述

Y 公司的网络管理员小赵，根据公司的业务需求，需要将程序员开发好的网站部署到信息中心的 Web 服务器上。Y 公司使用的是 Linux 服务器，现在需要安装 Apache 软件包，并对 Apache 服务器进行配置。

任务要求

在信息中心的 Linux 服务器中安装 Apache 软件包，可以实现网站的部署功能。世界上很多著名网站使用的都是 Apache 服务器。它快速、可靠，并且具有出色的安全性和跨平台特性，是目前最流行的 Web 服务器软件之一。Apache 服务器的配置主要是通过修改 Apache 服务器的配置文件来实现的，网站主要设置项及计划设置方案如表 10.1.1 所示。

表 10.1.1　网站主要设置项及计划设置方案

设 置 项	计划设置方案
端口	80
Apache 服务器的 IP 地址	192.168.1.203
主目录	/web/www
首页文件	首页文件名为 default.html，内容按需呈现

万维网（World Wide Web，WWW），即全球广域网，它是一种基于超文本和 HTTP 的、

全球性的、动态交互的、跨平台的分布式图形信息系统，是建立在 Internet 上的一种网络服务，为浏览者在 Internet 上查找和浏览信息提供了图形化的、易于访问的直观界面，其中的文档及超链接将 Internet 上的信息节点组织成一个互相关联的网状结构。

我们通常所说的 WWW 服务、Web 服务，其实是一个意思，泛指通过 HTTP 传输，使用图形化界面来展示信息的一种方式，也就是俗称的网站或者网页。

1. Web 服务的基本工作原理

Web 服务是采用典型的客户机/服务器模式运行的，且运行于 TCP（Transmission Control Protocol，传输控制协议）之上。用户可以通过 Web 客户端浏览器（Web Browser）访问 Web 服务器上的图形、文本、音频、视频并茂的网页信息资源。Web 服务器的交互过程一般可分为 4 个步骤，即连接过程、请求过程、应答过程及关闭连接，如图 10.1.1 所示。

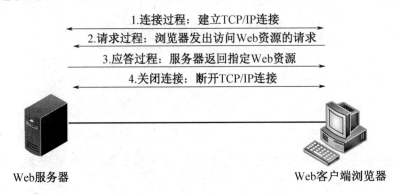

图 10.1.1　Web 服务的交互过程

（1）连接过程：在 Web 客户端浏览器与 Web 服务器之间建立 TCP/IP 连接，以便传输数据。

（2）请求过程：Web 客户端浏览器向 Web 服务器发出访问 Web 资源的请求。

（3）应答过程：Web 服务器接收 HTTP 请求，并通过 HTTP 响应将指定 Web 资源返回给 Web 浏览器。

（4）关闭连接：在应答过程完成后，将 Web 客户端浏览器和 Web 服务器之间的 TCP/IP 连接断开。

2. Web 服务相关技术

（1）HTTP（Hyper Text Transfer Protocol，超文本传输协议）是 Web 客户端浏览器和 Web 服务器通信时所使用的应用层协议，允许 Web 客户端浏览器向 Web 服务器请求 Web 资源并接收响应。

（2）HTML（Hyper Text Markup Language，超文本标记语言）是由一系列标签组成的一种标记性语言，主要用于描述网页的内容和格式。它包括一系列标签，可以通过这些标签将网络上的文档格式统一，使分散的 Internet 资源链接为一个逻辑整体。网页中的内容可以是文本、图形、动画、声音、表格、超链接等。

3. Apache 服务器

Apache 源于 NCSA 所开发的 httpd。1994 年后，许多 Web 管理员在 httpd 的基础上不断发展附加功能，通过电子邮件沟通并实现这些功能，之后以补丁（patches）的形式发布。1995 年，几位核心成员成立了 Apache 组织。随后，Apache 不断更新版本，革新服务器架构，在一年内就超过了 httpd 成为排名第一的 Web 服务器软件。

Apache 以其开源、快速、可靠，可通过简单的 API 扩展，可将 Perl/Python 等解释器编译到服务器中等优点，成为世界使用率排名第一的 Web 服务器软件。它可以运行在所有被广泛使用的计算机平台上，可移植性非常好。很多著名的网站都使用 Apache 作为服务器，其市场占有率已超过 60%。

4. Apache 服务器相关软件包

Apache 服务器的主程序软件包为 httpd-2.4.43，如下所示。

```
httpd-tools-2.4.43-4.p03.ky10.x86_64          //Apache 工具
httpd-2.4.43-4.p03.ky10.x86_64                //Apache 主程序
httpd-filesystem-2.4.43-4.p03.ky10.noarch     //基本目录
httpd-help-2.4.43-4.p03.ky10.noarch
```

5. Apache 服务器配置文件

Apache 服务器的全部配置信息都被存放在主配置文件/etc/httpd/conf/httpd.conf 中。下面介绍 httpd.conf 文件的结构和基本用法。

1）httpd.conf 文件

httpd.conf 文件中的绝大部分内容都是以 "#" 开头的注释。为了保持主配置文件的简洁性，降低学习难度，可以过滤该文件所有的说明行，只保留有效的行，如例 10.1.1 所示。

例 10.1.1：过滤 httpd.conf 文件的说明行

```
[root@web ~]#grep -v '#' /etc/httpd/conf/httpd.conf

ServerRoot "/etc/httpd"
Listen 80
......                              //此处省略部分内容
<Directory />
    AllowOverride none
```

```
    Require all denied
</Directory>
......                              //此处省略部分内容
DocumentRoot "/var/www/html"
......                              //此处省略部分内容
```

在 httpd.conf 文件中，有 3 种类型的信息，即注释行信息、全局配置信息、区域配置信息。httpd.conf 文件中的参数及其功能如表 10.1.2 所示。

表 10.1.2　httpd.conf 文件中的参数及其功能

参　　数	功　　能
ServerRoot	指定 Apache 服务器的服务目录，默认是/etc/httpd
DocumentRoot	指定网站的根目录，一般要设置为绝对路径，默认值是/var/www/html
Listen	指定 Apache 服务器的监听端口，默认工作端口的端口号是 80
User 和 Group	指定运行 Apache 服务器的用户和用户组，默认都是 apache
ServerAdmin	指定网站管理员的邮箱。当用户访问该网站时，若遇到错误，则会向管理员邮箱发送错误信息
ServerName	指定 Apache 服务器的域名，要保证能够被 DNS 服务器解析
ErrorLog	指定错误日志文件的路径，默认是 logs/error_log
CustomLog	指定访问日志文件的路径和格式，默认是 logs/access_log
LogLevel	指定控制日志的详细程度的级别
TimeOut	指定访问超时时间，默认是 300 秒
Directory	指定服务器上资源目录的路径、权限等
DirectoryIndex	指定网站的首页，默认的首页文件是 index.html
MaxClients	指定 Apache 服务器的最大连接数，即 Web 服务器可以允许多少客户端同时连接

2）Directory 配置段

在 Apache 服务器的主配置文件和虚拟主机配置文件中，都需要使用 Directory 配置段。<Directory>和</Directory>是一对命令，它们中间所包含的选项，仅对指定的目录有效。Directory 配置段包含的选项及其功能如表 10.1.3 所示。

表 10.1.3　Directory 配置段包含的选项及其功能

选　　项	功　　能
Options	配置指定目录具体使用哪些功能特性
AllowOverride	设置是否把 ".htaccess" 作为配置文件，可以允许该文件的全部命令生效，也可以只允许某些类型的命令生效，或者全部禁止
Order	控制默认访问状态，以及 Allow 和 Deny 指定的生效顺序
Allow	控制哪些主机可以访问。可以根据主机名、IP 地址、IP 范围或其他环境变量的定义来进行控制
Deny	限制访问 Apache 服务器的主机列表，其语法和参数与 Allow 选项的完全相同

6．Apache 服务的启动和停止

Apache 服务的后台守护进程是 httpd，因此，在启动、停止 Apache 服务和查询 Apache 服务状态时要以 httpd 为参数。

任务实施

1．查询 Apache 服务器的 httpd 软件包是否安装

```
[root@web ~]#rpm -qa|grep httpd
//结果显示，该系统未安装 httpd 软件包
```

2．安装 Apache 服务器的 httpd 软件包

若查询结果显示未安装 Apache 服务器的 httpd 软件包，则使用 dnf install -y httpd 命令安装 Apache 服务器所需要的软件包，如下所示。

```
[root@web ~]#dnf install -y httpd
上次元数据过期检查：1:06:42 前，执行于 2023 年 10 月 20 日 星期五 09 时 43 分 31 秒。
依赖关系解决。
......                              //此处省略部分内容
事务概要
================================================================================
安装  7 软件包
总计：4.0 M
安装大小：13 M
下载软件包：
......                              //此处省略部分内容
已安装：
apr-1.7.0-2.ky10.x86_64                apr-util-1.6.1-12.ky10.x86_64
httpd-2.4.43-4.p03.ky10.x86_64         httpd-filesystem-2.4.43-4.p03.ky10.noarch
httpd-help-2.4.43-4.p03.ky10.noarch httpd-tools-2.4.43-4.p03.ky10.x86_64
mod_http2-1.15.13-1.ky10.x86_64
完毕！
```

3．检查 Apache 服务器的初始状态

当确认 Apache 服务器相关软件包已正确安装后，为了验证 Apache 服务器是否正常运行，无须更改任何配置文件，可以直接启动服务，之后在"应用程序"菜单中打开 Firefox 浏览器，并在地址栏中输入"http://127.0.0.1"。若 Apache 服务器正常运行，则会进入如图 10.1.2 所示的测试页面。

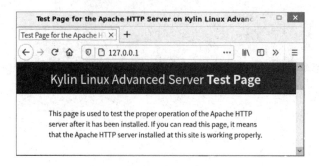

图 10.1.2　测试页面

4. 配置 Apache 服务器

步骤 1：配置 Apache 服务器的 IP 地址/子网掩码为 192.168.1.203/24，这里不再详述。

步骤 2：创建文档根目录和首页文件，如下所示。

```
[root@web ~]# mkdir -p /web/www
[root@web ~]# echo "This is my first Website." > /web/www/default.html
[root@web ~]# ls -l /web/www/default.html
-rw-r--r-- 1 root root 26 10月 21 23:01 /web/www/default.html
```

　步骤 3：修改 DocumentRoot 和 DirectoryIndex 参数，并将默认的 Directory 配置段中的路径修改为/web/www，如下所示。

```
[root@web ~]#vim /etc/httpd/conf/httpd.conf
......                                    //此处省略部分内容
    //修改第 119 行，将/var/www/html 修改为/web/www
    119 DocumentRoot "/web/www"
    //修改第 131 行，将/var/www/html 修改为/web/www
    131 <Directory "/web/www">
    144     Options Indexes FollowSymLinks
    151     AllowOverride None
    156     Require all granted
    157 </Directory>
    //修改第 164 行，加入 default.html
    163 <IfModule dir_module>
    164     DirectoryIndex index.html default.html
    165 </IfModule>
......                                    //此处省略部分内容
```

5. 重启 Apache 服务

在配置完成后，重启 Apache 服务，并设置开机自动启动，如下所示。

```
[root@web ~]#systemctl restart httpd
[root@web ~]#systemctl enable httpd
```

6. 关闭防火墙服务

在配置完成后，关闭防火墙服务，并设置开机不自动启动，如下所示。

```
[root@web ~]#systemctl stop firewalld
[root@web ~]#systemctl disable firewalld
```

7. 测试 Apache 服务

在客户端中，确保两台主机之间的网络连接正常，即可显示新的网页，如下所示。

```
[root@client ~]#curl http://192.168.1.203
This is my first Website.
```

任务小结

（1）Apache 服务的后台守护进程是 httpd，在启动、停止 Apache 服务和查询 Apache 服务状态时要以 httpd 为参数。

（2）SELinux 的安全策略设置默认为关闭模式，否则无法显示新的网页。

 ## 任务 10.2 发布多个网站

任务描述

Y 公司的一台 Web 服务器上已经有了一个网站，但公司新购置的基于 B/S 架构的内控系统也需要创建一个网站。此外，公司销售部、后勤部网站的网页内容需要经常更新。因此，Y 公司希望能够建立独立的网站，并安排网络管理员小赵完成这一任务。

任务要求

Kylin 操作系统的 Web 服务器 Apache 支持在同一台服务器上发布多个网站。这些网站也称为虚拟主机，要求 IP 地址、端口号、主机名 3 项中的至少一项与其他网站有所不同。用户可以创建 IP 地址、端口号和主机名不同的多个网站，网站的主要设置项如表 10.2.1 所示。

表 10.2.1 网站的主要设置项

设 置 项	IP 地址	主 机 名	端 口 号	主 目 录	首 页 文 件
销售部网站	192.168.1.203	xs.phei.com.cn	80	/vh/xs	index.html
后勤部网站		hq.phei.com.cn		/vh/hq	
财务部网站	192.168.1.203	cw.phei.com.cn	8088	/vh/8088	
			8089	/vh/8089	

续表

设 置 项	IP 地址	主 机 名	端 口 号	主 目 录	首 页 文 件
人事部网站	192.168.1.205	无	80	/vh/205	
	192.168.1.206			/vh/206	

　　虚拟主机是指在一台物理主机上搭建多个 Web 站点的一种技术，且每个 Web 站点独立运行，互不干扰。虚拟主机技术减少了服务器数量，使其方便管理，可以降低网站维护成本。在 Apache 服务器上，有 3 种类型的虚拟主机，分别是基于 IP 地址的虚拟主机、基于域名的虚拟主机和基于端口号的虚拟主机。

　　（1）基于 IP 地址的虚拟主机，是指先为一台 Web 服务器设置多个 IP 地址，并使每个 IP 地址与服务器上发布的每个网站一一对应，那么当用户请求访问不同的 IP 地址时，就会访问不同网站的页面资源。

　　（2）基于域名的虚拟主机。当服务器无法为每个网站都分配一个独立 IP 地址时，基于域名的虚拟主机可以通过不同的域名来传输不同的内容。在 DNS 服务器中创建多条主机资源记录，即可实现不同的域名对应同一个 IP 地址。

　　（3）基于端口号的虚拟主机可以让用户通过指定的端口来访问服务器上的网站资源，只需要为物理主机分配一个 IP 地址。可以在 Apache 服务器的主配置文件中通过 listen 命令指定多个监听端口。

　　在 httpd.conf 文件中，虚拟主机由 VirtualHost 配置段定义，基本语法格式如下所示。

```
//冒号后跟的是端口号，可以修改为 IP 地址或域名
<VirtualHost *:80>
    //定义虚拟主机的管理员邮件地址
    ServerAdmin webmaster@dummy-host.example.com
    //定义虚拟主机的主目录
    DocumentRoot /www/docs/dummy-host.example.com
    //定义虚拟主机的名称，特别是基于域名的虚拟主机，此处非常重要
    ServerName dummy-host.example.com
    //错误日志
    ErrorLog logs/dummy-host.example.com-error_log
    //访问日志
    CustomLog logs/dummy-host.example.com-access_log common
</VirtualHost>
```

任务实施

1．基于域名的虚拟主机

步骤 1：为 Web 服务器配置一个 IP 地址（192.168.1.203），这里不再详述。

步骤 2：在 DNS 服务器的正向解析区域文件中添加两条 CNAME 资源记录，如下所示。
DNS 服务器的具体配置方法可参考任务 7.1。

```
[root@master ~]# vim /var/named/phei.com.cn.zone
xs      CNAME           web
hq      CNAME           web
```

步骤 3：为两个网站分别创建文档根目录和首页文件，如下所示。

```
[root@web ~]# mkdir -p /vh/xs
[root@web ~]# mkdir -p /vh/hq
[root@web ~]# echo "This is xs homepage.">/vh/xs/index.html
[root@web ~]# echo "This is hq homepage.">/vh/hq/index.html
```

步骤 4：修改/etc/httpd/conf.d/vhost.conf 文件的内容，如下所示。

```
[root@web ~]# vim /etc/httpd/conf.d/vhost.conf
<Virtualhost 192.168.1.203>
        DocumentRoot    /vh/xs
        ServerName      xs.phei.com.cn
        <Directory /vh/xs>
                AllowOverride none
                Require all granted
        </Directory>
</Virtualhost>
<Virtualhost 192.168.1.203>
        DocumentRoot    /vh/hq
        ServerName      hq.yiteng.com.cn
        <Directory /vh/hq>
                AllowOverride none
                Require all granted
        </Directory>
</Virtualhost>
```

步骤 5：重启 httpd 服务，并设置开机自动启动，如下所示。

```
[root@web ~]# systemctl restart httpd
[root@web ~]# systemctl enable httpd
```

步骤 6：关闭防火墙服务，并设置开机不自动启动，如下所示。

```
[root@web ~]# systemctl stop firewalld
[root@web ~]# systemctl disable firewalld
```

步骤 7：在客户端中配置 DNS 服务器地址，确保两台主机之间的网络连接正常。

步骤 8：在命令行中使用 curl 命令分别进行测试，如下所示。

```
[root@client ~]# curl http://xs.phei.com.cn
This is xs homepage.
[root@client ~]# curl http://hq.phei.com.cn
This is hq homepage.
```

2. 基于端口号的虚拟主机

步骤 1：在 DNS 服务器的正向解析区域文件中添加一条 CNAME 资源记录，如下所示。
DNS 服务器的具体配置方法可参考任务 7.1。

```
[root@master ~]# vim /var/named/phei.com.cn.zone
cw        CNAME              web
```

步骤 2：在 Apache 服务器的主配置文件中添加 8088 和 8089 两个监听端口，如下所示。

```
[root@web ~]# vim /etc/httpd/conf/httpd.conf
Listen 8088
Listen 8089
```

步骤 3：为两台虚拟主机分别创建文档根目录和首页文件，如下所示。

```
[root@web ~]# mkdir -p /vh/8088
[root@web ~]# mkdir -p /vh/8089
[root@web ~]# echo "This is 8088 homepage.">/vh/8088/index.html
[root@web ~]# echo "This is 8089 homepage.">/vh/8089/index.html
```

步骤 4：修改 /etc/httpd/conf.d/vhost.conf 文件的内容，如下所示。

```
[root@web ~]# vim /etc/httpd/conf.d/vhost.conf
<Virtualhost 192.168.1.203:8088>
     DocumentRoot    /vh/8088
     ServerName      cw.phei.com.cn
     <Directory /vh/8088>
          AllowOverride none
          Require all granted
     </Directory>
</Virtualhost>
```

```
<Virtualhost 192.168.1.203:8089>
        DocumentRoot    /vh/8089
        ServerName      cw.phei.com.cn
        <Directory /vh/8089>
                AllowOverride none
                Require all granted
        </Directory>
</Virtualhost>
```

步骤 5：重启 httpd 服务，并设置开机自动启动，如下所示。

```
[root@web ~]# systemctl restart httpd
[root@web ~]# systemctl enable httpd
```

步骤 6：关闭防火墙服务，并设置开机不自动启动，如下所示。

```
[root@web ~]# systemctl stop firewalld
[root@web ~]# systemctl disable firewalld
```

步骤 7：在命令行中使用 curl 命令分别进行测试，如下所示。

```
[root@client ~]# curl http://cw1.phei.com.cn:8088
This is 8088 homepage.
[root@client ~]# curl http://cw1.phei.com.cn:8089
This is 8089 homepage.
```

3. 基于 IP 地址的虚拟主机

步骤 1：为 Web 服务器配置两个 IP 地址（192.168.1.205 和 192.168.1.206），使用 nmtui 命令进行添加，这里不再详述。

步骤 2：为两台虚拟主机分别创建文档根目录和首页文件，如下所示。

```
[root@web ~]# mkdir -p /vh/205
[root@web ~]# mkdir -p /vh/206
[root@web ~]# echo "This is 205 homepage.">/vh/205/index.html
[root@web ~]# echo "This is 206 homepage.">/vh/206/index.html
```

步骤 3：修改/etc/httpd/conf.d/vhost.conf 文件的内容，如下所示。

```
[root@web ~]# vim /etc/httpd/conf.d/vhost.conf
<Virtualhost 192.168.1.205>
        DocumentRoot    /vh/205
        <Directory /vh/205>
                AllowOverride none
                Require all granted
```

```
        </Directory>
</Virtualhost>
<Virtualhost 192.168.1.206>
        DocumentRoot    /vh/206
        <Directory /vh/206>
                AllowOverride none
                Require all granted
        </Directory>
</Virtualhost>
```

步骤 4：重启 httpd 服务，并设置开机自动启动，如下所示。

```
[root@web ~]#systemctl restart httpd
[root@web ~]#systemctl enable httpd
```

步骤 5：关闭防火墙服务，并设置开机不自动启动，如下所示。

```
[root@web ~]#systemctl stop firewalld
[root@web ~]#systemctl disable firewalld
```

步骤 6：在命令行中使用 curl 命令分别进行测试，如下所示。

```
[root@client ~]#curl http://192.168.1.205
This is 205 homepage.
[root@client ~]#curl http://192.168.1.206
This is 206 homepage.
```

任务小结

（1）在同一台 Web 服务器上创建多个网站（虚拟主机）时，可以充分利用硬件资源。可以使用 3 种形式，即不同 IP 地址、不同端口号、不同主机名发布多个网站。

（2）在使用不同主机名的形式发布多个网站时，需要在 Web 服务器所使用的 DNS 服务器上创建相应的记录（主机记录或别名记录），并在 Web 服务器上得到正确的解析结果。

项目 11

配置与管理邮件服务器

● **项目描述**

　　Y 公司是一家电子商务运营公司，该公司的网络管理员为了方便公司员工之间传递消息，准备对公司的网络进行以下设计：搭建邮件服务器，实现员工之间邮件的收发。

　　电子邮件（Electronic Mail，简称 E-mail）是一种互联网上的重要信息传递方式。普通邮件通过邮局到达用户手中，而电子邮件则以电子的形式，通过互联网为全球的 Internet 用户提供了一种极为快速、简单和经济的通信与交换信息的方法。Kylin 操作系统中较为流行的邮件服务器是 Sendmail 和 Postfix，一般由 Dovecot 服务负责读取邮件。

　　本项目将介绍邮件服务器的工作原理，并学习 Postfix+Dovecot 的配置方法，使读者能够为 Internet 用户打造一个虚拟的电子邮局，并通过 Foxmail 客户端软件对其进行测试。项目拓扑结构如图 11.0.1 所示。

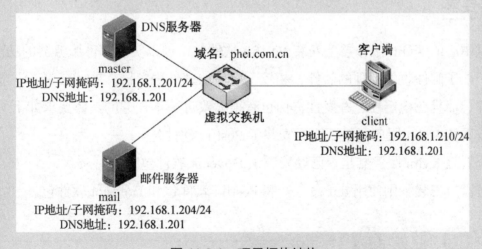

图 11.0.1　项目拓扑结构

🐾 **知识目标**

1. 了解邮件服务器的工作原理和邮件系统。

2. 了解 Postfix 服务器相关配置文件。

3. 了解 Dovecot 服务器相关配置文件。

 能力目标

1. 能够正确配置 Postfix 服务器和 Dovecot 服务器。

2. 能够正确配置 Foxmail 客户端软件，并使用该软件收发邮件。

素质目标

1. 提升读者的邮件系统安全意识，预防垃圾邮件的产生。

2. 培养读者具备保护邮件安全的意识，防止用户邮件和隐私信息泄露。

3. 培养读者具备严谨、细致的工作态度。

任务 11.1　认识与安装 Postfix 服务器

任务描述

Y 公司的网络管理员小赵，根据公司的业务需求，需要在信息中心的 Kylin 服务器上实现邮件服务器的功能。小赵首先想到了 Postfix 服务器，现在需要认识与安装 Postfix 服务器。

任务要求

在信息中心的 Kylin 服务器上安装 Postfix 软件包，可以实现邮件服务器的功能。Postfix 是一种用于电子邮件收发管理的软件，相较于以前的邮件服务器，Postfix 减少了很多不必要的配置步骤，而且在稳定性、并发性方面也有很大改进。本任务的具体要求如下所示。

（1）查看该 Kylin 服务器是否已经安装了 Postfix 软件包。

（2）查看该 Kylin 服务器是否已经安装了 Dovecot 软件包。

（3）若没有安装，则使用 dnf 命令安装 Postfix 软件包和 Dovecot 软件包。

知 识 链 接

1. 邮件服务器的工作原理

一个完整的邮件系统除了底层操作系统，还包括 MUA（Mail User Agent，邮件用户代理）、MTA（Mail Transfer Agent，邮件传输代理）、MDA（Mail Delivery Agent，邮件分发代理）和 MRA（Mail Retrieval Agent，邮件接收代理）4 个功能部分。

1）MUA

MUA 为客户端软件，它可以为用户提供读取、编辑、回复等邮件处理功能。根据使用者的需要，一个操作系统中可以同时存在多个 MUA 程序。常见的 MUA 程序包括 Kylin 操作系统上的雷鸟（Thunderbird），以及 Windows 操作系统上的 Outlook Express 或 Foxmail 等。

2）MTA

MTA 为服务器运行软件。用户使用 MUA 发送和接收邮件，这一系列操作看上去是透明的，但实际上是由 MTA 完成的。与 MUA 不同，每个系统只能有一个 MTA 处于工作状态，负责邮件的发送和接收，而类 UNIX 平台中使用较为广泛的 MTA 程序有 Sendmail、Postfix 等。

3）MDA

MDA 为服务器运行软件，用于把 MTA 所接收的邮件分发到指定的邮箱中。

4）MRA

MRA 负责实现 IMAP 与 POP3 协议，与 MUA 进行交互，这相当于让用户的邮件账户支持离线邮件接收，而不是打开计算机后才能接收邮件。常用的 MRA 有 Dovecot。

图 11.1.1 所示为邮件服务器的工作原理。

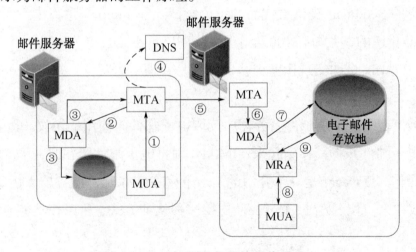

图 11.1.1　邮件服务器的工作原理

2．邮件系统

1）邮件服务器

邮件服务器是网络中运行相应网络协议，并负责发送和接收用户电子邮件的服务器。

（1）邮件交换服务器：该服务器运行 SMTP（Simple Mail Transfer Protocol，简单邮件传输协议），完成用户邮件的转发工作。

（2）邮件接收服务器：该服务器运行 POP（Post Office Protocol，邮局协议）和 IMAP（Internet Message Access Protocol，交互邮件访问协议），接收电子邮件并对其进行存储。

2）邮箱（MailBox）

在指定的邮件服务器上，用户注册邮箱（如 admin@phei.com.cn）后，admin@phei.com.cn 域的邮件服务器就会为该用户创建硬盘空间，存储该用户的电子邮件。

3）DNS 邮件交换记录（MX）

DNS 邮件交换记录用于查询邮件服务器的 DNS 资源记录。客户端在发送电子邮件时，只填写一个目的地的邮件地址，如 admin@phei.com.cn，不填写 admin 用户的邮件服务器地址，那么这个电子邮件是无法发送成功的。这时就必须通过 DNS 服务器存储的 admin@phei.com.cn 域的 DNS 邮件交换记录，查询该域的邮件服务器地址。

4）在 Kylin 操作系统中搭建邮件服务器所需的软件

在 Kylin 操作系统中搭建邮件服务器时，通常需要用到 Sendmail+Dovecot 或 Postfix+Dovecot。其中，Sendmail 和 Postfix 负责邮件的收发，Dovecot 负责邮件的管理。本项目以 Postfix+Dovecot 为例来进行讲述。

Postfix 是 Wietse Venema 基于 IBM 的 GPL 协议开发的 MTA 软件，是 Wietse Venema 想要为使用最广泛的 Sendmail 提供替代品的一个尝试。在 Internet 世界中，大部分电子邮件都是通过 Sendmail 投递的，大约有 100 万个用户使用 Sendmail，Sendmail 中每天的邮件投递量达到了上亿封。Postfix 试图实现速度更快、更容易管理、更安全，并与 Sendmail 保持足够的兼容性的目的。

POP 和 IMAP 是 MUA 从邮件服务器中读取电子邮件时使用的协议。其中，POP3 从邮件服务器中下载电子邮件并将其存储起来；IMAP4 则将电子邮件留在服务器端，直接对电子邮件进行管理、操作。Dovecot 是一个开源的 IMAP 和 POP3 邮件服务器，由 Timo Sirainen 开发，将安全性放在第一位。另外，Dovecot 支持多种认证方式，所以在功能方面也比较符合一般的应用。

3. Postfix 和 Dovecot 服务器相关软件包

Postfix 服务器的主程序软件包为 postfix-3.5.8，具体如下所示。

```
postfix-2:3.3.1-10.ky10.x86_64                          //Postfix 主程序
```

Dovecot 服务器的主程序软件包为 dovecot-2.3.16，具体如下所示。

```
dovecot-1:2.3.16-2.el8.x86_64                           //Dovecot 主程序
```

4．Postfix 服务的启动和停止

Postfix 服务的后台守护进程是 postfix，因此，在启动、停止 Postfix 服务和查询 Postfix 服务状态时要以 postfix 为参数。

5．Dovecot 服务的启动和停止

Dovecot 服务的后台守护进程是 dovecot，因此，在启动、停止 Dovecot 服务和查询 Dovecot 服务状态时要以 dovecot 为参数。

任务实施

1．查询 Postfix 软件包是否安装

使用 rpm -qa|grep postfix 命令，查询 Postfix 软件包的安装情况，如下所示。

```
[root@mail ~]#rpm -qa|grep postfix
//结果显示，该系统未安装 Postfix 软件包
```

2．查询 Dovecot 软件包是否安装

使用 rpm -qa |grep dovecot 命令，查询 Dovecot 软件包的安装情况，如下所示。

```
[root@mail ~]#rpm -qa|grep dovecot
//结果显示，该系统未安装 Dovecot 软件包
```

3．安装 Postfix 软件包

若查询结果显示未安装 Postfix 软件包，则使用 dnf install -y postfix 命令进行安装，如下所示。

```
[root@mail ~]# dnf install -y postfix
上次元数据过期检查：0:25:36 前，执行于 2023 年 10 月 21 日 星期六 22 时 57 分 40 秒。
依赖关系解决
......                                    //此处省略部分内容
事务概要
================================================================================
安装  1 软件包
总计：797 K
安装大小：2.8 M
下载软件包：
......                                    //此处省略部分内容
已安装：
  postfix-2:3.3.1-10.ky10.x86_64
```

完毕！

//结果显示，该系统已经成功安装 Postfix 软件包

4. 安装 Dovecot 软件包

若查询结果显示未安装 Dovecot 软件包，则使用 dnf install -y dovecot 命令进行安装，如下所示。

```
[root@mail ~]# dnf install -y dovecot
Kylin Linux Advanced Server 10 - Os                3.4 MB/s | 14 MB     00:04
Kylin Linux Advanced Server 10 - Updates           7.5 MB/s | 14 MB     00:01
上次元数据过期检查：0:00:05 前，执行于 2023 年 10 月 24 日 星期二 21 时 04 分 16 秒。
依赖关系解决。
......                                    //此处省略部分内容
事务概要
================================================================================
安装   3 软件包
总计：5.6 M
安装大小：21 M
下载软件包：
......                                    //此处省略部分内容
已安装：
  clucene-core-2.3.3.4-31.20130812.e8e3d20git.el8.x86_64
  dovecot-1:2.3.16-2.el8.x86_64
  dovecot-help-1:2.3.15-3.p01.ky10.x86_64
完毕！
//注意，在安装时要确保 Kylin 操作系统能正常访问互联网，可通过 dnf 的 HTTP 源安装软件包
```

任务小结

（1）Postfix 服务器在 Kylin 操作系统中默认是未安装的，需要用户自己安装，它具有速度快、易管理和安全性高的特性。

（2）Dovecot 是一个开源的 IMAP 和 POP3 邮件服务器，在安全性方面比较出众。

任务 11.2 认识与配置 Postfix 服务器

任务描述

Y 公司的网络管理员小赵，根据公司的业务需求，已经在信息中心的 Kylin 服务器上安

装了 Postfix 软件包，现在需要对 Postfix 服务器进行配置。

任务要求

Postfix 服务器的配置主要是通过修改 Postfix 服务器的配置文件来实现的，然而这些配置对于 Kylin 操作系统的初学者是比较困难的，因此小赵请来公司的工程师帮忙完成。本任务要求内部员工可以使用该服务器自由收发邮件，邮件服务器的主机名、IP 地址、角色对应关系如表 11.2.1 所示。

表 11.2.1　邮件服务器的主机名、IP 地址、角色对应关系

主　机　名	IP 地址	操　作　系　统	角　　色
master	192.168.1.201	Kylin	DNS 服务器
mail	192.168.1.204	Kylin	邮件服务器
client	192.168.1.210	Kylin	邮件客户端，用于测试

知　识　链　接

1．Postfix 服务器的主配置文件

Postfix 服务器的主配置文件是/etc/postfix/main.cf。在 Postfix 服务器的主配置文件中，参数的基本配置格式是"参数名=参数值"。main.cf 文件中以"#"开头的行表示注释，具有说明的作用，可以忽略。如果要引用配置文件的参数，那么可以用"$+参数名"的形式。在 Postfix 服务器的主配置文件中，有 8 个应该重点掌握的参数，这些重要参数及其功能如表 11.2.2 所示。

表 11.2.2　Postfix 服务器主配置文件中的重要参数及其功能

参　　数	功　　能
myhostname	指定所在主机的主机名，需要注意的是，一定要用 FQDN 的形式，如 mail.yiteng.com。默认为本地主机名
mydomain	指定邮件服务器所在的域名。默认为 myhostname 指定的域名
myorigin	指定发件人所在的域名。默认为$mydomain
inet_interfaces	指定 Postfix 服务器监听的网络地址，默认为所有地址
mydestination	指定本服务器可以接收的邮件的域名，如 mail1@phei.com.cn 用户通过该服务器接收邮件，那么 mydestination 的值应该被设置为 phei.com.cn。该参数可以有多个值，多个值之间用逗号","分隔
mynetworks	指定可转发哪些主机的邮件
relay_domains	指定可转发哪些网域的邮件
home_mailbox	指定邮件存储的位置

2．Dovecot 服务器的主配置文件

Dovecot 是一个开源的 IAMP 和 POP3 邮件服务器，其主配置文件是/etc/dovecot/dovecot.conf。在 dovecot.conf 文件中，参数的基本配置格式是"参数名=参数值"。dovecot.conf 文件中以"#"开头的行表示注释，具有说明的作用，可以忽略。如果要引用配置文件的参数，那么可以用"$+参数名"的形式。在 Dovecot 服务器的主配置文件中，有两个应该重点掌握的参数，如下所示。

```
[root@mail ~]# vim /etc/dovecot/dovecot.conf
//设置 Dovecot 支持的电子邮件协议为 IMAP、POP3 和 LMTP
24 #protocols = imap pop3 lmtp submission
//设置允许登录的网段地址，如果希望所有人都能使用电子邮件系统，就不用修改本参数
48 #login_trusted_networks =
```

3．Dovecot 服务器的子配置文件

在/etc/dovecot/conf.d 目录下，有一个 Dovecot 服务器的子配置文件，即 10-mail.conf。在 Dovecot 服务器的子配置文件中，有一个应该重点掌握的参数，如下所示。

```
[root@mail ~]# vim /etc/dovecot/conf.d/10-mail.conf
  //指定将收到的电子邮件存放到本地服务器的位置
25 mail_location = mbox:~/mail:INBOX=/var/mail/%u
```

🔧 任务实施

1．配置 DNS 服务器

在服务器 master 上配置 DNS 服务器并关闭该服务器的防火墙服务，操作步骤可参考任务 7.1，此处省略。

2．配置 Postfix 服务器

步骤 1：安装 Postfix 软件包，操作步骤可参考任务 11.1，此处省略。

步骤 2：使用 vim 编辑器打开并编辑 Postfix 服务器的主配置文件，修改内容如下所示。

```
[root@mail ~]# vim /etc/postfix/main.cf
//将第 94 行的注释符号"#"删除，更改 myhostname 参数的值为 mail.phei.com.cn
94 myhostname = mail.phei.com.cn
//将第 102 行的注释符号"#"删除，更改 mydomain 参数的值为 phei.com.cn
102 mydomain = phei.com.cn
//将第 117 行的注释符号"#"删除，指定发件人所在的域名为$mydomain
117 myorigin = $mydomain
```

```
//将第 135 行的 localhost 修改为 all，代表所有 IP 地址都能提供电子邮件服务
135 inet_interfaces = all
```

//将第 183 行的 localhost.$mydomain，localhost 修改为$mydomain，直接调用前面定义好的 myhostname 变量和 mydomain 变量

```
183 mydestination = $myhostname, $mydomain
```

3. 创建电子邮件系统的登录账户并配置邮件路径

```
[root@mail ~]# useradd test1
[root@mail ~]# echo "Aa13579,./"|passwd --stdin test1
[root@mail ~]# useradd test2
[root@mail ~]# echo "Aa13579,./"|passwd --stdin test2
[root@mail ~]# mkdir -p /home/test1/mail/.imap/INBOX        //创建邮件目录
[root@mail ~]# mkdir -p /home/test2/mail/.imap/INBOX        //创建邮件目录
```

4. 重启 Postfix 服务

在配置完成后，重启 Postfix 服务，并设置开机自动启动，如下所示。

```
[root@mail ~]# systemctl restart postfix
[root@mail ~]# systemctl enable postfix
```

5. 配置 Dovecot 服务器

步骤 1：安装 Dovecot 服务器软件包，操作步骤可参考任务 11.1，此处省略。

步骤 2：使用 vim 编辑器打开并编辑 Dovecot 服务器的主配置文件，修改内容如下所示。

```
[root@mail ~]# vim /etc/dovecot/dovecot.conf
 //将第 24 行的注释符号"#"删除
 24 protocols = imap pop3 lmtp submission
 //将第 48 行的注释符号"#"删除，设置允许登录的网段地址为 192.168.1.0/24，如果希望所
有人都能使用电子邮件系统，就不用修改本参数
 48 login_trusted_networks = 192.168.1.0/24
```

步骤 3：使用 vim 编辑器打开 10-mail.conf 文件，修改内容如下所示。

```
[root@mail ~]# vim /etc/dovecot/conf.d/10-mail.conf
 //将第 25 行的注释符号"#"删除，指定将收到的电子邮件存放到本地服务器的位置
 25 mail_location = mbox:~/mail:INBOX=/var/mail/%u
```

6. 重启 Dovecot 服务

在配置完成后，重启 Dovecot 服务，并设置开机自动启动，如下所示。

```
[root@mail ~]# systemctl restart dovecot
```

```
[root@mail ~]# systemctl enable dovecot
```

7．关闭防火墙服务

在配置完成后，关闭邮件服务器的防火墙服务，并设置开机不自动启动，如下所示。

```
[root@mail ~]# systemctl stop firewalld
[root@mail ~]# systemctl disable firewalld
```

8．设置邮箱账户

注意，以下操作均在客户端 client 上完成。

步骤 1：使用 dnf install -y thunderbird 命令安装邮件客户端软件雷鸟（Thunderbird），实施命令如下所示。

```
[root@client ~]# dnf install -y thunderbird
Kylin Linux Advanced Server 10 - Os          4.9 MB/s |  14 MB    00:02
Kylin Linux Advanced Server 10 - Updates     7.8 MB/s |  14 MB    00:01
上次元数据过期检查：0:00:05 前，执行于 2023 年 10 月 24 日 星期二 21 时 25 分 01 秒。
依赖关系解决。
……                                        //此处省略部分内容
================================================================================
安装  1 软件包
总下载：75 M
安装大小：195 M
……                                        //此处省略部分内容
已安装：
  thunderbird-60.5.0-1.ky10.x86_64
完毕！
```

步骤 2：打开 Thunderbird 软件，在"设置现有的电子邮件账户"对话框中，输入已创建的邮件账户"test1"、电子邮件"test1@phei.com.cn"和密码"Aa13579,./"，单击"继续"按钮，如图 11.2.1 所示。

步骤 3：单击"手动配置"按钮（见图 11.2.2），配置邮件服务器接收端和发出端对应的参数，如协议、服务器主机名、端口、SSL 和身份验证等信息，并在配置完成后，单击"完成"按钮，如图 11.2.3 所示。

步骤 4：此时会弹出警告对话框，提示邮件服务器没有使用加密协议，勾选下方的"我已了解相关风险"复选框后，单击"完成"按钮，即可完成账户的创建，如图 11.2.4 所示。

步骤 5：使用同样的方法在 Thunderbird 中创建 test2 账户。

图 11.2.1 输入用户信息

图 11.2.2 单击"手动配置"按钮

图 11.2.3 配置对应参数

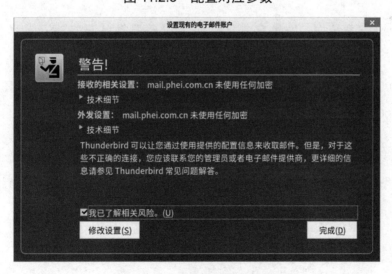

图 11.2.4 完成账户的创建

9. 发送和接收邮件

1）发送邮件

在 Thunderbird 中完成账户创建后，使用 test1 账户向 test2 账户发送一封邮件。在 Thunderbird 主界面中单击"新建消息"按钮，在"来自"下拉列表中选择"test1<test1@phei.

com.cn>"选项，在"发至"输入框中输入"test2@phei.com.cn"，设置主题为"This is a test."、内容为"这是一封测试邮件。"，并单击"发送"按钮，如图 11.2.5 所示。

2）接收邮件

在界面左侧导航栏中选中"test2@phei.com.cn"账户，单击左上角的"获取信息"按钮，即可接收 test2 账户的邮件。如图 11.2.6 所示，可以看出 test2 账户已经收到了来自 test1 账户的邮件。

图 11.2.5　发送测试邮件

图 11.2.6　test2 账户收到的邮件

任务小结

（1）在 Kylin 操作系统中，如果有其他的邮件服务器软件正在运行，那么应该先暂停服务或者卸载该邮件服务器，否则会影响 Postfix 服务器的使用。

（2）在添加 POP 和 SMTP 服务器时，也可以添加邮件服务器对应的 IP 地址。

项目 12

配置与管理 Discuz!

● 项目描述

　　Y 公司是一家电子商务运营公司，因运营需要，该公司决定部署社区论坛软件系统。经公司讨论决定，由网络管理员小赵完成社区论坛软件系统的安装与配置。经过市场调研，小赵向公司推荐了 Discuz!，并得到了公司的认可。

　　本项目主要介绍 LAMP 环境的搭建过程和 Discuz! 的安装与配置。

 知识目标

1. 了解 Discuz! 的发展历程。
2. 了解 LAMP 环境的搭建过程。
3. 掌握 Discuz! 的基本应用。

 能力目标

1. 掌握 LAMP 环境的安装方法。
2. 掌握 Discuz! 的搭建过程。
3. 掌握 Discuz! 的基本配置。

 素质目标

1. 引导读者认识和了解 Discuz! 的发展，建立科技强国的自信。
2. 培养读者具备良好的职业道德和操守。
3. 引导读者增强网络安全的意识。

项目需求

Y 公司的网络管理员小赵根据公司的业务要求，需要部署社区论坛软件系统——Discuz!。具体要求如下所示。

（1）安装 Kylin 操作系统。

（2）搭建 LAMP 环境。

（3）安装 Discuz!。

（4）配置与管理 Discuz!。

知 识 链 接

1. Discuz!

Discuz!是一套通用的、基于 PHP+MySQL 的社区论坛软件系统。Discuz!有超过 300 万名站长在使用，是全球成熟度最高、覆盖率最大的建站系统之一，拥有超过 7000 款应用。站长可以方便地通过 Discuz!搭建社区论坛、知识付费网站、视频直播点播站、企业网站、同城社区、小程序、App、图片素材站、游戏交流站、电商购物站、拼车系统、房产信息、求职招聘、婚恋交友等绝大多数类型的网站。

Discuz!于 2001 年 6 月面世，至今已有 20 多年的历史，Discuz!性能优异、功能全面、安全稳定，在社区论坛（BBS）软件领域的全球市场占有率排名第一。

2. LAMP 服务器套件

LAMP 是 Linux、Apache、MySQL、PHP 的缩写，是指一组通常一起使用以运行动态网站或服务器的自由软件，即把 Apache、MySQL 及 PHP 安装在 Linux 操作系统上，组成一个环境来运行 PHP 脚本语言。Apache 是最常用的 Web 服务器软件，而 MySQL 是中小型的数据库软件。

3. MySQL 与 MariaDB

MySQL 是一个关系数据库管理系统，由瑞典 MySQL AB 公司开发，属于 Oracle 旗下产品。MySQL 是最流行的关系数据库管理系统之一，在 Web 应用方面，MySQL 是最好的 RDBMS（Relational Database Management System，关系数据库管理系统）应用软件之一。MySQL 使用的 SQL 是用于访问数据库的最常用的标准化语言之一。

MariaDB 数据库管理系统是 MySQL 的一个分支，主要由开源社区维护，采用 GPL 授权许可 MariaDB 的目的是完全兼容 MySQL，包括 API 和命令行，使其能够轻松成为 MySQL 的替代品。MariaDB 的目标是提供一个由社区开发的、稳定的、免费的 MySQL 分支，在用户级别上兼容主流版本。

任务实施

1．安装 Kylin 操作系统

安装 Kylin 操作系统，并配置好网络，使其可以正常上网，可参考前面的项目完成，此处省略。

2．安装 Apache 服务器相关软件包

安装 Apache 服务器相关软件包，并配置其 httpd 服务为开机自动启动，可参考项目 10，此处省略。

3．安装 MariaDB 服务器相关软件包

步骤 1：安装 MariaDB 主程序和客户端文件，如下所示。

```
[root@localhost ~]# dnf install -y mariadb mariadb-server
上次元数据过期检查：0:00:06 前，执行于 2023 年 11 月 01 日 星期三 19 时 39 分 49 秒。
依赖关系解决。
……                                      //此处省略部分内容
事务概要
================================================================================
升级　4 软件包

总下载：24 M
下载软件包：
……                                      //此处省略部分内容
已升级：
  mariadb-3:10.3.35-1.p01.ky10.x86_64
  mariadb-common-3:10.3.35-1.p01.ky10.x86_64
  mariadb-errmessage-3:10.3.35-1.p01.ky10.x86_64
  mariadb-server-3:10.3.35-1.p01.ky10.x86_64

完毕！
```

步骤 2：配置 MariaDB 服务为开机自动启动，如下所示。

```
[root@localhost ~]# systemctl start mariadb
[root@localhost ~]# systemctl enable mariadb
```

步骤 3：在 MariaDB 安装完成后，一定要执行一次 mysql_secure_installation 命令，详细步骤如下所示。

```
[root@localhost ~]# mysql_secure_installation

NOTE: RUNNING ALL PARTS OF THIS SCRIPT IS RECOMMENDED FOR ALL MariaDB
      SERVERS IN PRODUCTION USE!  PLEASE READ EACH STEP CAREFULLY!

In order to log into MariaDB to secure it, we'll need the current
password for the root user.  If you've just installed MariaDB, and
you haven't set the root password yet, the password will be blank,
so you should just press enter here.
//初次运行直接按 Enter 键
Enter current password for root (enter for none):
OK, successfully used password, moving on...


Setting the root password ensures that nobody can log into the MariaDB
root user without the proper authorisation.
// 是否设置 root 用户的密码，输入"y"并按 Enter 键
Set root password? [Y/n] y
//输入 root 用户登录 MariaDB 服务器的密码"abc123!"
New password:
//再次输入密码"abc123!"
Re-enter new password:
Password updated successfully!
Reloading privilege tables..
 ... Success!


By default, a MariaDB installation has an anonymous user, allowing anyone
to log into MariaDB without having to have a user account created for
them.  This is intended only for testing, and to make the installation
go a bit smoother.  You should remove them before moving into a
production environment.
//是否删除匿名用户，在生活环境下建议删除，输入"y"并按 Enter 键
Remove anonymous users? [Y/n] y
 ... Success!


Normally, root should only be allowed to connect from 'localhost'.  This
ensures that someone cannot guess at the root password from the network.
//是否禁止远程登录，根据自己的需求输入"y"或"n"并按 Enter 键，建议禁止
```

```
Disallow root login remotely? [Y/n] y
 ... Success!


By default, MariaDB comes with a database named 'test' that anyone can
access.  This is also intended only for testing, and should be removed
before moving into a production environment.
```
//是否删除测试数据库 test，根据自己的需求输入“y”或“n”，并按 Enter 键，建议删除
```
Remove test database and access to it? [Y/n] y
 - Dropping test database...
 ... Success!
 - Removing privileges on test database...
 ... Success!


Reloading the privilege tables will ensure that all changes made so far
will take effect immediately.
```
//是否重新加载权限表，输入“y”并按 Enter 键
```
Reload privilege tables now? [Y/n] y
 ... Success!


Cleaning up...


All done!  If you've completed all of the above steps, your MariaDB
installation should now be secure.


Thanks for using MariaDB!
```
//登录 MariaDB 服务器
```
[root@localhost ~]# mysql -uroot -p
```
//输入密码“abc123!”
```
Enter password:
Welcome to the MariaDB monitor.  Commands end with ; or \g.
Your MariaDB connection id is 16
Server version: 10.3.9-MariaDB MariaDB Server

Copyright (c) 2000, 2018, Oracle, MariaDB Corporation Ab and others.

Type 'help;' or '\h' for help. Type '\c' to clear the current input statement.
```
//退出 MariaDB 服务器
```
MariaDB [(none)]> exit
Bye
[root@localhost ~]#
```

4．安装 PHP 运行环境

步骤 1： 安装 PHP 及其相关组件，如下所示。

```
[root@localhost ~]# dnf -y install php php-fpm php-mysqlnd php-json php-xml
上次元数据过期检查：0:11:49 前，执行于 2023 年 11 月 02 日 星期四 16 时 26 分 46 秒。
依赖关系解决。
……                                        //此处省略部分内容
事务概要
================================================================================
安装  9 软件包

总下载：6.5 M
安装大小：25 M
下载软件包：
……                                        //此处省略部分内容

已安装：
  nginx-filesystem-1:1.21.5-2.p01.ky10.noarch  php-7.2.34-3.ky10.x86_64
  php-cli-7.2.34-3.ky10.x86_64                php-common-7.2.34-3.ky10.x86_64
  php-fpm-7.2.34-3.ky10.x86_64               php-json-7.2.34-3.ky10.x86_64
  php-mysqlnd-7.2.34-3.ky10.x86_64            php-pdo-7.2.34-3.ky10.x86_64
  php-xml-7.2.34-3.ky10.x86_64

完毕！
```

步骤 2： 创建 phpinfo.php 测试页面，如下所示。

```
[root@localhost ~]# echo "<?php phpinfo();?>" > /var/www/html/phpinfo.php
```

步骤 3： 重启 httpd 服务，如下所示。

```
[root@localhost ~]# systemctl restart httpd
```

步骤 4： 测试 LAMP 环境是否搭建成功，结果如图 12.1.1 所示。

5．安装 Discuz!前的准备

步骤 1： 下载 Discuz!3.5 软件包，如下所示。

```
[root@localhost ~]# wget https://gitee.com/Discuz/DiscuzX/repository/archive/
v3.5.zip
  --2023-11-03 11:25:46--  https://gitee.com/Discuz/DiscuzX/repository/archive/
v3.5.zip
正在解析主机 gitee.com (gitee.com)... 180.76.198.77
```

正在连接 gitee.com (gitee.com)|180.76.198.77|:443... 已连接。

已发出 HTTP 请求，正在等待回应... 302 Found

位置: https://gitee.com/Discuz/DiscuzX/repository/blazearchive/v3.5.zip?Expires=1698896746&Signature=7ji5qYRpqzxzgbpEolpXx3ZwgIwi4fLB7afc05XecDg%3D　[跟随至新的 URL]

--2023-11-03 11:25:46-- https://gitee.com/Discuz/DiscuzX/repository/blazearchive/v3.5.zip?Expires=1698896746&Signature=7ji5qYRpqzxzgbpEolpXx3ZwgIwi4fLB7afc05XecDg%3D

再次使用存在的到 gitee.com:443 的连接。．

已发出 HTTP 请求，正在等待回应... 200 OK

长度：未指定 [application/zip]

正在保存至："v3.5.zip"

v3.5.zip　　　　　　　[　　　　<=>　　　]　11.76M　2.19MB/s　用时 8.6s

2023-11-03 11:25:55 (1.37 MB/s) - "v3.5.zip" 已保存 [12329097]

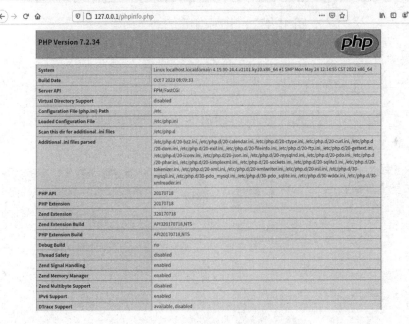

图 12.1.1　LAMP 环境搭建成功

步骤 2：将 Discuz!3.5 软件包解压缩并复制到/var/www/html/目录下，如下所示。

```
[root@localhost ~]# unzip v3.5.zip
[root@localhost ~]# cd DiscuzX-v3.5
[root@localhost ~]# cp -r upload/* /var/www/html/
[root@localhost ~]# chmod -R 777 /var/www/html
```

步骤 3：重启 httpd 服务，如下所示。

```
[root@localhost ~]# systemctl restart httpd
```

6．安装 Discuz!

步骤 1：启动 Firefox 浏览器，在地址栏中输入地址"127.0.0.1/install/"，会出现 Discuz! 安装向导，如图 12.1.2 所示，单击"同意"按钮，开始安装。

图 12.1.2　出现 Discuz!安装向导

步骤 2：进入"开始安装"界面，首先检查安装环境，结果显示为通过检查，单击"下一步"按钮，继续安装，如图 12.1.3 所示。

步骤 3：进入"设置运行环境"界面，保持所有选项的默认配置，单击"下一步"按钮，继续安装，如图 12.1.4 所示。

图 12.1.3　检查安装环境　　　　　　　图 12.1.4　设置运行环境

步骤 4：进入"安装数据库"界面，开始创建数据库。输入数据库密码"abc123!"（这个密码是在配置 MariaDB 服务器时创建的），并设置管理员密码（自定义密码），用于登录 Discuz! 后台程序，同时保持其他选项的默认配置，单击"下一步"按钮，继续安装，如图 12.1.5 所示。

步骤 5：进入安装完成界面，安装结果如图 12.1.6 所示。

图 12.1.5　创建数据库　　　　　　　　　图 12.1.6　站点安装完成

步骤 6：单击"直接访问站点"按钮，可以访问站点前台，页面如图 12.1.7 所示；单击"进入管理后台"按钮，可以访问站点后台，页面如图 12.1.8 所示。

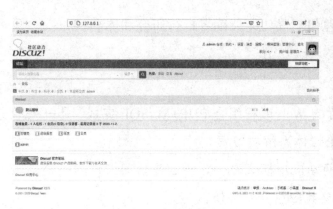

图 12.1.7　站点前台页面　　　　　　　　　图 12.1.8　站点后台页面

7．Discuz!的基本配置

在 Discuz!站点后台中，可以很好地进行站点管理。图 12.1.9 所示为站点信息全局配置页面，可以在此更改站点名称等；图 12.1.10 所示为站点界面配置页面，可以在此更改站点前台导航等；图 12.1.11 所示为站点内容配置页面，可以在此对用户的发帖进行"增删改查"操作；图 12.1.12 所示为站点用户配置页面，可以在此对站点的用户进行"增删改查"操作。

图 12.1.9　站点信息全局配置页面

图 12.1.10　站点界面配置页面

图 12.1.11　站点内容配置页面

图 12.1.12　站点用户配置页面

Discuz!站点后台的功能丰富，剩余的管理和配置功能请读者自行研究和体会。

任务小结

（1）Discuz!的基础架构选用世界上最流行的 Web 编程组合 PHP+MySQL 完成，是一个通过完善规划，适用于各种服务器环境的高效论坛体系解决方案。

（2）LAMP 环境架构是目前成熟的企业网站应用模式之一，指的是协同工作的一整套系统和相关软件，能够提供动态 Web 站点服务及其应用开发环境。